Cook 50

U0085102

Cook 50

Cook 50

李櫻瑛 著

ℱ 愛戀香料菜
ℱall in Love with Spicy

教你認識香料、用香料做菜

朱雀文化事業有限公司 出版

關於本書的6大特色

1.這是目前國人自製的香料食譜中最周全的一本圖書，本書從企畫至編輯完成幾近一年的時間，期間大部份在仔細校潤香料圖鑑，希望給予讀者最詳細的香料資訊。

2.作者及本出版社原始企畫本書的觀點，是要把中外的香料以最家常的方式呈現於菜餚中，讓遠來的香料不那麼異國、不再遙不可及，也讓讀者明瞭中國人自己的香料特質，尋找屬於本土的香氛。

3.本書將相同的主材料運用中西不同的烹飪方式，就有了風味與氣色迴然不同的菜餚：我們以〈他鄉‧異國篇〉及〈返鄉‧中國篇〉兩個篇章來區別，使讀者在烹飪的同時，亦能享受香料在不同國度裡的不同面貌和吃法。

4.為著不善烹飪的初學者考量，在食材的處理上有清楚詳盡的方法可供參考。

5.「香料輕輕說」緩緩介紹各式香料的來由、傳說以及使用方法，並附乾香料圖片，以利讀者選購。

6.書末〈關於香料，你可以知道更多〉將國內的香料購買地、香料的保存方法、香料圖鑑以及各式香料的建議搭配一一說分明，希望讀者能輕鬆購買，妥善保存，在深入認識及善用香料的同時，和香料談一場最柔美的戀愛。

得緣見識美麗的線索

從拉曼都咖啡店、蜜蜂咖啡廳、三布五石Pub、故事坊咖啡廳、藍色酒館、不想回家 Pub、勺勺客、陝北菜館、Becaus 香料廚房，自己萬萬沒有想到，生命的長河，原來也是能夠以經歷過的餐廳來作為一種紀錄。朋友告訴我說，那是一種活著的輪迴；一種借屍還魂的愛戀糾葛。我卻一直想著是天真的浪漫。

直至這本書的完成，才豁然明白了：牽扯著自己這麼多年的命運之神，曳引著自己，在空間與人群裡迷離幻境地浪蕩著；不是因為季節的氣息，不是因為滄桑的沈斂，卻是因之於，生命中每一個愛憎嗔痴的人啊！像是掉落在土壤上的鮮美果實，終將燦爛炫麗地化入大地之中，然後以一種滋養著萬物輪迴的作用，又開始散發出記憶中久遠久遠的氣息。

對於所有的朋友，我有著無上的感激，因為每一道菜餚的設計靈感，皆來自於對你、對妳們的記憶，一種我無法自拔的迷戀著，你們每一個人身上獨特靈魂的香氣，那正是引領我到香料世界中，得緣見識美麗的線索。

李櫻瑛

進入香料的迷離幻境

　　香料在字義拆解上來說，可理解成香氣調味料。但它被運用的廣泛，卻不單僅在食物的色香味上，舉凡遠古以來，可以是從香料對食物的防腐發現而到木乃伊製作時的用料，或醫藥療疾的保健藥材到祭天貢品巫祀驅蟲的品項，在在說明香料獨一的特質。

　　中國早在《周禮》、《離騷》已見有香料烹飪的記載，到秦漢朝代以後，香料的運用較廣泛，且品種亦由海外的引進栽種而增多。例如：胡荽、迷迭香、月桂葉等。直至目前中國各地傳統菜餚中，運用到的香料已多達百餘種。

　　歐美國家在運用香料的歷史上，早於古羅馬希臘時代亦有史蹟古籍可考。《聖經》中多處記載肉桂、大蒜、洋蔥、丁香、乳香、沒香等香料。

　　各種香料雖特質各異，但皆含有醇、酚、酮等揮發性的化合物，品種繁盛外，也發展出多味混合的香料配方，並有區域性獨到的混合香料心得：「群龍有首」，即多樣有機排列組合下，也要達到一菜一味出頭。如此的要求，非但是得對每一種

香料獨自的個性氣味要有相當的體會外，每一種香料在不同份量比重的混合下，亦產生了各種風味迴異的變化；而如何達到和諧並能襯菜提味，就須累積數代傳承的經驗了。

所以呢！如果有機會到中國大陸旅遊，特別是西北地區，你將很容易體會到，在許多餐館中，甚或巷弄人家裡，各有各堅稱的祖傳私房香料配方，可運用於各式湯頭滷包醬汁；雖家家形味各異，卻都同樣的讓食物充滿了多彩的氣味魅惑。

進入香料世界猶如進入一個世界博覽會一般，透過文字，想像著一個種子如何的流浪；想像著古早世紀的人們，又為何因著那一點馨香的誘惑，而挑起的征伐戰亂？還有那才子佳人怎麼憑恃著氣味的記憶，追索了前世今生的愛戀！一如，莎士比亞在《哈姆雷特》一書中說著：「迷迭香哪！是能幫助你回想的線索，親愛的……請你牢記在心！」

目錄

他鄉・異國篇

返鄉・中國篇

點心・小品篇

關於香料・你可以知道更多

Spice
他鄉・異國篇

漫漫黃沙舞動著駝鈴的低語
關於了，從何方啟程的流浪
星子披著閃亮亮的黑幕衣
問了，水手們眠夢中的孤單
時間撲不斷的愛戀
是風沙中的凝望
是洋風烈日的揚帆
是我們千百年來
在人群輪迴中的想望

迷迭香燴蝦
Prawns in Rosemary Paste

主要材料（*4 人份*）

草蝦..............................9 隻
（約半斤，洗淨後，逐一用小剪刀修剪蝦鬚，在蝦背
剪開 1 公分長的小口，清洗並掏淨腸泥，不要弄破蝦
身以保持成品美觀）

主要香料

迷迭香............................1 茶匙

爆香調味料

橄欖油............................2 大匙
大蒜片（去皮切片）..................4 瓣
洋蔥（去皮切粗絲）..................半個
白葡萄酒..........................1 大匙
清水（125c.c.）....................半杯
番茄（去皮切片）....................1 個
鹽..............................1 茶匙
番茄醬............................3 大匙
香菜..............................少許

做　　法

1. 炒鍋中放入橄欖油燒熱，放進大蒜片、洋
   蔥絲下鍋炒香，見色微焦黃時，將迷迭
   香、白葡萄酒及清水、鹽，陸續加入拌
   攪，以小火約 5 分鐘滾煮。
2. 將蝦子放進炒鍋醬汁中，轉中火後加入番
   茄片、番茄醬繼續拌炒，至蝦子熟紅時熄
   火。
3. 蝦子盛盤後，可放些香菜或迷迭香裝飾其
   上，即完成此道菜餚。

Rosemary

香料輕輕說

　　多數接觸過花草茶的人會以為迷迭香 (Rosemary) 是近年才引
進台灣的，事實上，在千百年前迷迭香就傳入中國了，而它大
概是少數外來「胡物」中，譯名最統一且沒有訛誤的香料之一。
原產於地中海一帶海岸沿線斷崖上的迷迭香，在拉丁語意原指
的是「海的淚珠」。氣味鮮雅清麗的迷迭香，不知道與馬可波
羅東行中國的故事是否有關聯呢？

Spice

胡荽子鑲小卷
Squids with Coriander Seed Sauce

主要材料（*4人份*）

小卷．．．．．．．．．．．．．．．．．．．．．．．．．．．．．4～5隻

（約1斤，頭到尾約長15公分較佳，摘去小卷頭上的
眼、嘴，掏洗肚內時不要弄破肚身及墨色囊。洗淨瀝水
後，將小卷頭塞回肚身裡，並用刀尖在小卷身體上淺劃
兩斜刀）

主要香料

胡荽子（用原型顆粒，不必磨碎）．．．．．．．．．1茶匙

爆香調味料

橄欖油．．．．．．．．．．．．．．．．．．．．．．．．．．．2大匙
大蒜片（去皮切碎丁）．．．．．．．．．．．．．．．．．3瓣
嫩薑片（切薄片再切碎）．．．．．．．．．．．．．．．2片
椰子絲．．．．．．．．．．．．．．．．．．．．．．．．．．．2茶匙
白葡萄酒．．．．．．．．．．．．．．．．．．．．．．．．．1大匙
鮮奶．．．．．．．．．．．．．．．．．．．．．．．．．．．50c.c.
鹽．．．．．．．．．．．．．．．．．．．．．．．．．．．．半茶匙
清水（125c.c.）．．．．．．．．．．．．．．．．．．．．半杯
紅辣椒．．．．．．．．．．．．．．．．．．．．．．．．．．．1條
（洗淨後剖開成兩瓣，剔淨辣椒籽切丁）
香菜．．．．．．．．．．．．．．．．．．．．．．．．．．．．少許
（洗淨後連同葉梗切細末，量取1大匙使用）

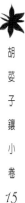

做　法

1. 炒鍋中放入橄欖油以小火加溫微熱，放入
   大蒜丁、薑末及椰子絲下鍋炒香，至微呈
   金黃色，加入白葡萄酒、胡荽子、鮮奶、
   清水繼續滾沸5分鐘。
2. 將處理好的小卷及鹽放進鍋內醬汁中烹
   煮，至小卷顏色反白不見透明時，加入香
   菜末、紅辣椒丁翻拌即可起鍋。

Coriander
香料輕輕說

香菜（Coriander）是漢晉年間自西域傳來的胡物，故名胡
荽，又有人稱為芫荽。香菜與香菜籽（Coriander Seed）在調
味運用上有很明顯的風味差距，一般來講，香菜籽的味道較綿
順，微辛辣而帶甜酸，在中東料理中普遍可見。至於歐美方面，
則用於醃漬食品為多。

香菜是極容易栽種的植物，試試去買包種子回來種盆鮮嫩
的香菜放在陽台上，不僅可供烹飪上使用，它與九層塔盆栽一樣
有驅除蚊蚋的效果。

麝香草燒文蛤
Thyme Sauce-Clams

主要材料（4人份）

文蛤..................................1斤

（挑中大型的，約25～28個，清水加1小匙香油或鹽
巴浸泡20分鐘，讓文蛤吐沙）

主要香料

麝香草..............................1茶匙

爆香調味料

沙拉油..............................1大匙
奶油................................1大匙
嫩薑（剁成細末）......................3片
大蒜（去皮切細末）....................5瓣
清水................................1杯
新鮮巴西里（切細末，量取1茶匙使用）....少許
鹽..................................1茶匙
白葡萄酒............................1大匙
三色彩椒（切丁裝飾）..................少許

做　　法

1. 將沙拉油及奶油放入炒鍋中，以小火微
   燒熱，加入嫩薑末、大蒜細末炒香，再
   加入麝香草及清水滾煮10分鐘，用濾網
   將湯汁過濾。

2. 過濾好的湯汁內加入巴西里、鹽及白葡萄
   酒繼續滾煮，放入文蛤並蓋鍋燜6分鐘即
   可盛盤，出菜前加少許彩椒丁裝飾，讓菜
   餚色澤豐富。

香料輕輕說

　　原產於地中海的麝香草（Thyme），有十幾種品類之多。其
清香優雅的氣味，除了是廚房烹飪的妙物外，也是園藝觀賞植物
中的寵兒：在古羅馬時代，麝香草可是時尚男子最嗜用的香水原
料之一，而麝香草也成為當時用來讚美一位深具品味格調男士的
代名詞。麝香草與蒔蘿（D111）、月桂葉（Bay Leave）、迷迭
香（Rosemary）等都是較早傳入中國的外來香料植物。

法式芥末醬魚片
French Mustard Fish Fillets

主要材料（*4人份*）

鯛魚片...1片
（約200公克，先對切成2片，再以斜刀各切成6份薄片，記得魚片中間有一小排魚刺要先剔除，然後將切好的魚片用太白粉及鹽1/4茶匙抓拍一下）

主要香料

法式芥末醬...1大匙

爆香調味料

沙拉醬	....	5大匙
橄欖油	....	3茶匙
紅辣椒細粉	....	2茶匙
匈牙利紅辣椒粉	....	2茶匙
A 阿拉伯小茴香粉	....	1/4茶匙
胡荽子粉	....	1茶匙
大蒜粉	....	1茶匙
黑胡椒粉	....	1/4茶匙
鹽	....	半茶匙
檸檬（搾汁）	....	半個

橄欖油...2大匙
大蒜（去皮切薄片）.................................3瓣
嫩薑（去皮切薄片）.................................3片
胡椒粉（磨粗末）...................................少許

做　法

1. 將所有法式芥末醬及A料混合，放入大碗中用湯匙充分拌調均勻。
2. 平底鍋中放入橄欖油，以小火燒熱，加入大蒜片、嫩薑片爆香，再將抓拍了薄粉的鯛魚片逐一排放在平底鍋上，等魚片雙面皆煎至金黃色澤且表皮微焦硬，即可起鍋入盤。
3. 出菜時，將調拌過的芥末醬淋在排盤好的魚片上，再撒些現磨的胡椒粉即可。

French Seeded Mustard

香料輕輕說

　　法式芥末醬（French seeded mustard）的製法多樣，且口味因添加的香料而各異，甚或更加有水果、蜂蜜、香檳酒、葡萄酒，味道從濃郁到辛嗆到清雅細膩皆各具特色，一般分為綿細膏狀及帶籽粗末醬。而以產地與製造方法而言，最具代表性的有波爾多芥末醬Bordeaux Mustard及第戎芥末醬Dijon Mustard。其他如英、美、德、意各國也都有風味獨具的各式芥末醬，以搭配各區域性的菜餚。

小技巧

準備些生的蔬菜葉用來裝飾盤底，會使菜色看來更可口。

泰式香醬拌海鮮
Tai-style Seafood Salad

主要材料（*4人份*）

蝦仁 150公克
（洗淨後，逐一將腸泥挑淨瀝乾水份）
干貝 100公克
（洗淨後，將較大的切對半即可）
鯛魚片 200公克
（洗淨後先切掉魚片中間的脊刺，再切成3×2公分的小塊）
洋蔥 . . . . .半個
（洗淨去皮後，切細絲泡浸冰開水中）
番茄 1個
（或是紅、黃番茄各半個，去皮切塊）
生菜葉（洗淨後切1公分寬細絲）. 3片
清水 4杯

主要香料

泰式紅咖哩醬 2大匙

爆香調味料

	鹽 1/4茶匙	
	糖 2大匙	
	冷開水 .100c.c.	
A	檸檬 2個	
	（削下1/6個檸檬的青皮切成短細絲，其他果肉搾汁）	
	粗顆粒的紅辣椒粉 1/4茶匙	

香菜 1小把
（洗淨後摘去根部，拆散成單支並切對半）

做　　法

1. 用一個大碗將泰式紅咖哩醬及A料全部拌勻至糖粒完全溶解。
2. 撈起洋蔥絲，甩乾水份，和香菜一起放進調味醬汁中拌勻，放進冰箱冷藏20分鐘。
3. 在炒鍋中放入清水，開中大火，滾沸時放進切好的海鮮料，再度滾沸後立即熄火，並將海鮮料撈起，快速沖刷冷開水降溫。
4. 把海鮮料及生菜絲、番茄塊放入冷藏後的醬汁中，輕拌即可。

Tai-style Sauce

香料輕輕說

　　泰國一如印度、印尼，在早期海權時代亦是列強競逐香料的國度之一，在泰國的香料烹調，就如它地理環境北山南水的瑰麗及多元性，有著針對山產魚鮮所發展出來的迷人變化。

　　一般我們在香料專賣店比較容易買到的是調製過的綠醬（Thai Green Curry Poste），紅醬（Thai Red Curry Paste）、魚露（Fish Sauce）、蝦膏（Trassi）等，而其中運用到最多的香料則有羅望子（Tamarind）、南薑（Nam Ginger）、香茅（Lemon Grass）、檸檬葉（Lemon Leave）、香蘭葉（Pandan Leave）。

巴西里醬青蚵
Parsley Dressing with Oyster

主要材料（4人份）

青蚵.....................................半斤
洋芋片...................................12片
菠菜（洗淨後，開水燙熟擠乾水份切細末）200公克

主要香料

巴西里.............................25公克
（挑掉粗硬的枝芽，留葉子嫩枝沖洗乾淨）

爆香調味料

┌ 九層塔（並挑去粗硬的枝葉）.......15公克
│ 青蔥　（洗淨切段）...................1支
A│ 紅蔥頭（洗淨去皮）...................3瓣
│ 綠胡椒粒（研磨粗粉）...........1/4茶匙
│ 檸檬（搾汁）.........................2個
└ 鹽...................................1茶匙
清水.....................................半杯
橄欖油...................................1大匙
培根(切短細絲).........................3片
洋蔥（切細末）.......................1/4個
紅辣椒醬................................適量

做　法

1. 先用果汁機加入清水，將巴西里及A料攪碎成醬末，全部倒入大碗中和燙熟的菠菜末拌勻，用湯匙輕輕擠壓掉一些湯汁成菠菜醬。

2. 炒鍋中放入橄欖油，先把培根絲炒焦黃，再加入洋蔥末炒香，盛入碗中備用。

3. 炒鍋內用適量水以大火滾沸，放進青蚵後立即熄火，略泡20秒時撈起，要瀝乾水份備用。

4. 將洋芋片鋪放在盤中，每片上放1至2隻熟青蚵，再用小湯匙挖些拌好的菠菜醬在青蚵上，最後撒上炒過的洋蔥培根絲和紅辣椒醬即可。

小技巧

青蚵在購買時最好以顆大肚飽、色澤偏灰白者較佳，洗淨時先逐個挑淨，以免碎殼殘留影響口感。記得在清水內加些鹽巴，並多沖漂個兩次好洗去海腥味，最後用漏杓盛著瀝乾水份。

Parsley

香料輕輕說

巴西里（Parsley）有很多種譯名，如元帥草、西洋香菜。在很容易混淆的情況下，建議你倒不如記住英文名字Parsley來得好些。市面上常買到的是捲葉型的巴西里，而捲葉型的巴西里在一般中式餐廳，多是用它來裝飾菜餚。據說新鮮的巴西里除臭效果甚佳，如果你在享用蟹蝦後，怎麼也弄不掉腥臭味時，除了茶葉水或檸檬皮外，把盤邊的巴西里搓捏一下，也有相當好的消臭功能。

牛膝草燒牛小排
Beefribs with Marjoram Sauce

主要材料（*4* 人份）

牛小排. 300公克
（切成 3×4 公分寬塊，用 2 大匙紅酒及 1/4 個洋蔥切丁，醃漬約 20 分鐘，放進冰箱冷藏）。

主要香料

牛膝草. 1茶匙

爆香調味料

A
┌ 月桂葉. 2片
│ 山艾. 1/4茶匙
│ 黑胡椒粉. .1/4茶匙
│ 梅林辣醬. 2大匙
│ 鹽. . . . . .半茶匙
└ 清水. . . . . .半杯
橄欖油. 2大匙
大蒜（洗淨去皮切細末）. 5瓣

做　　法

1. 橄欖油 1大匙放入炒鍋中以小火燒熱，加入大蒜片炒香，再放入牛膝草及A料，以小火滾煮 5 分鐘，用濾網過濾湯　汁。
2. 平底鍋上加入橄欖油1大匙以小火燒熱，把醃漬的牛小排、洋蔥丁一併排入鍋內煎烤，至見牛小排兩面皆帶焦黃邊時，加入過濾好的醬汁，轉大火，將牛小排兩面反覆沾上醬汁後熄火盛盤。

小技巧

若在超市中購買本道菜中的牛小排，記得挑選原味未醃製，且略帶些油脂者，有助於肉質烹煮後的嫩軟。

Marjoram

香料輕輕說

牛膝草（Marjoram）另一個譯名為瑪嘉莉香荷，從優雅的字意上不難想像它那獨具特色的香味；一般我們買的牛膝草，指的是原產於北非的 Sweet Marjoram，氣味上比北歐原產的 Wild Marjoram 來得溫和淡雅，且它的味道像是將薄荷、九層塔的氣息奇妙的混合於一起，用來浸浴或茶飲，都是寧心除煩的良方。

Spice

月桂葉牛肉
Stir-Fry with Bay Leave Beef

主要材料（*4 人份*）

沙朗牛排...........................250公克
（切成3×2公分塊狀，用3大匙紅酒及1茶匙沙拉油、
洋蔥絲混和，放進冰箱冷藏醃漬約20分鐘）
小玉米筍...........................100公克
綠花椰菜...........................100公克
（洗淨削去粗皮後拆成小朵）
紅甜椒...............................1個
（或彩色甜椒各適量，洗淨後切成2×1公分條塊）

主要香料

月桂葉...............................4片
黑胡椒粒.............................半茶匙
麝香草.............................1/4茶匙
奧力岡.............................半茶匙
山艾...............................1/4茶匙

爆香調味料

沙拉油..............................1大匙
奶油................................1大匙
洋蔥（去皮切細絲醃肉用）.............半個
大蒜（去皮切薄片，分作兩份備用）........6瓣

調 味 料

鹽.................................半茶匙
麵糊（作法見P.45咖哩焗海鮮飯）........半茶匙

做　　法

1. 小玉米筍與綠花椰菜放入鍋中燙熟後撈起，從醃牛肉中挑出所有洋蔥絲備用。
2. 炒鍋中放入沙拉油燒熱，加入一半份量的大蒜片及洋蔥絲一起炒香，再放入全部主要香料炒勻。加入清水半杯，先以小火滾煮8分鐘，再加入麵糊調拌，熄火濾汁待用。
3. 炒鍋中放入奶油以小火燒熱，放進大蒜片略炒一下，即加入牛肉塊炒拌至肉塊兩面的肉色微見熟色焦黃（注意不要過熟）。
4. 夾出肉塊置碗中，將過濾過的香料湯汁倒入炒鍋中，加入鹽調味，等湯汁滾沸時，轉大火將小玉米筍、綠花椰菜及紅甜椒塊下鍋拌炒幾下，再將煎香的牛肉塊下鍋翻炒後熄火盛盤。

月
桂
葉
牛
肉

25

Bay Leave

香料輕輕說

　　月桂葉（Bay Leave）在奧林匹克的眾神會上、在古羅馬的競技中、在群眾擁戴的詩人頭上，它象徵了所有高尚榮耀的代名詞；事實上呢，月桂葉一詞源於拉丁語中的——「無以言表的讚頌及敬意」。另外在藥用方面，像一般支氣管過敏的咳嗽或神經性的抽痛，甚或婦女經痛，月桂葉都有舒緩鎮痛的療效；在烹飪食物上，比較特別的是它有除腥防腐的效果。

薑黃根粉燴肉
Porkmeat in Turmeric Cream

主要材料（4人份）

五花肉.............................300公克
（挑肥瘦均勻的，可請豬肉販切成1公分厚長條，再切
成約略2×3公分條塊狀）
蘋果（去皮籽後切2×2公分塊狀）.........半個
柳丁（去皮籽後切2×2公分塊狀）.........1個
芭樂（洗淨去籽切成2×2公分塊狀）.......1個

主要香料

薑黃根粉...........................1茶匙

爆香調味料

丁香.............................4～6朵
阿拉伯小茴香粉.....................1/4茶匙
胡荽子粉...........................1茶匙
洋蔥（洗淨切細丁末）...............1/4個
大蒜（去皮切小丁末）...............2瓣
嫩薑（洗淨切細丁末）...............3片
沙拉油.............................1大匙
鹽...............................半茶匙
糖...............................2茶匙
原味優酪乳.........................200c.c.
檸檬（洗淨切4瓣）.................1個
清水.............................1杯
香菜末.............................酌量

做　　法

1. 沙拉油放入炒鍋中燒熱，炒香洋蔥丁、大蒜末、嫩薑末，再放薑黃根粉、丁香、阿拉伯小茴香粉、胡荽子粉等炒拌一下後，再加入鹽、糖、優酪乳、清水。

2. 此時將檸檬角用手擠汁後也丟入鍋中攪炒一下，然後將檸檬角夾出不用，並繼續以小火滾煮約8分鐘。最後加入五花肉塊蓋鍋燜煨25分鐘。

3. 將切整好的水果塊加入已燜煨的豬肉鍋中，等滾沸時拌攪一下，熄火。

4. 出菜前，加些香菜末裝飾提香即可。

薑黃根粉燴肉

27

匈牙利辣粉牛肉卷
Paprika Bake Beef Roast

主要材料 （4 人份）
牛肉片 （火鍋用的亦可）..............300 公克
德國牛肉火腿片 （切對半）..............4 片

主要香料
匈牙利紅辣粉........................1 茶匙

爆香調味料
奧力岡草 （研細末）....................1 茶匙
黑胡椒粉 （研粗末）....................半茶匙
沙拉油............................1 大匙
大蒜 （去皮切小丁末）..................4 瓣
青蔥 （洗淨切小丁末）..................1 支
紅綠辣椒 （切成小丁末）................各半支
番茄 （削去皮切丁末）..................1 個
墨西哥紅辣醬 Tabasco................1 茶匙
鹽..............................半茶匙
清水..............................半杯

做　　法
1. 將火腿片用烤箱微烤出油，把匈牙利紅辣粉、奧力岡草、黑胡椒粉混合後平撒在平盤上，逐一將牛肉片單面沾上混合香料粉，一片片的把烤好的火腿片捲在其中，用牙籤固定。
2. 炒鍋中以中火燒熱沙拉油，下蔥蒜及辣椒丁炒香，再加入番茄丁、墨西哥紅辣醬、清水、鹽以小火滾煮 5 分鐘後盛入碗中。
3. 烤箱以 250℃ 先預熱 8 分鐘，將牛肉卷排放烤盤上，再將烤盤放入烤箱最上層，轉全火烤 5 分鐘後再轉上火烤 3 分鐘即可。
4. 盛盤前先將番茄丁醬鋪淋盤底，再將牛肉卷逐一排放即可。

小技巧
　　本道菜以德國牛肉火腿片為主材料，吃起來較香辣而鹹，口味偏重卻夠味：如果在超市中買不到此種牛肉火腿片，也可用一般火腿片取代。

Paprika
香料輕輕說
　　辣椒的品種有 200 多種，而匈牙利紅辣粉 （Paprika） 最特殊的是顏色鮮紅，味帶少許的辛辣苦甘；它在巴爾幹半島的菜餚中是很重要的調味料之一，但目前世界各地如地中海式的食物，或墨西哥菜也用得很多。

醬烤豬肋
Grill Pork Ribs with Worcestershir Sauce

主要材料（*4* 人份）
豬肋排（去血水後吸乾水份）...............1斤

主要香料
梅林辣醬.........................4大匙

調 味 料
醬油1大匙鹽.....................1茶匙
糖.............................3大匙
大蒜（去皮洗淨）.................4瓣
嫩薑（洗淨切細絲）...............3片
洋蔥（洗淨切細絲）.............1/4個
紫蘇梅（去籽取肉用）.............3個
番茄醬.........................3大匙
黃芥末粉.......................1茶匙
香芹子粉.......................半茶匙
紅辣椒粉.......................1茶匙
匈牙利紅辣粉...................半茶匙
月桂葉.........................2片
玫瑰紅酒.......................半杯
新鮮番茄（挑選比較熟紅的，洗淨去皮切塊）...1個

做　　法
1. 把梅林醬、醬油，及所有調味料用果汁機
   打成碎泥狀，再塗抹於肋排兩面。
2. 沾好醬的肋排放在盤中，用保鮮膜封好放
   進冰箱冷藏4小時。
3. 烤箱以250℃先預熱10分鐘後，將醃漬好
   的肋排淋上剩餘醬汁，放進烤箱最上層，
   全火烤20分鐘後，再以上火烤10分鐘。
4. 上菜前先用鋒利的刀尖，順肋間瘦肉切開
   成條狀後排盤。

小技巧
　　整排豬肋可順著肋骨間切分成兩片，若肋排上的瘦肉比較
厚，也要切下來分開處理，這樣比較不會有烤不熟的問題。
　　以燒烤處理的小排，可直接在水中沖泡約40分鐘，有助於
去除肉腥味及血水。

Worcestershire Sauce
香料輕輕說
　　梅林辣醬（Worcestershire sauce）約為150多年前，英
國一家名為Lea&Perrins公司所生產販售的醬汁，配方源自於印
度，其中材料最主要有醬油醋汁、檸檬汁、辣椒及多種香料調和
後，經發酵殺菌處理再裝瓶出售；在一般的超市都買得到，另外
也有味道相近的B1醬；這一類型的醬汁可直接用，很適合拿來
沾煎炸香烤的肉類，調入沙拉醬、烤肉醬中。

大茴香籽煎肉
Friedmeat with Anise Paste

主要材料（4人份）
豬肉薄片（里肌肉或火鍋用肉片）．．．．．．．300公克

主要香料
大茴香籽（細末）．．．．．．．．．．．．．．．．．．1大匙

爆香料
大蒜粉．．．．．．．．．．．．．．．．．．．．2茶匙
紅胡椒粒（粗末）．．．．．．．．．．．．．．1大匙
鹽．．．．．．．．．．．．．．．．．．．．．．1茶匙
橄欖油．．．．．．．．．．．．．．．．．．．2大匙
大蒜．．．．．．．．．．．．．．．．．．．．3瓣

做　法
1. 把大茴香籽、大蒜粉、紅胡椒粒及鹽充分混合好後，舖撒在大平盤上。將豬肉片輕輕沾上混合香料粉，記得兩面都要均勻地附著香料粉。
2. 橄欖油倒入炒鍋燒熱，以中小火先將大蒜片爆香，接著將沾有香料粉的肉片逐一放入鍋中炸，見肉片微焦黃即翻面稍炸一會，瀝油上桌。注意只要有一面炸得稍見焦黃就可以了，若煎太熟會使肉片少了軟嫩的口感。

小技巧
　　準備些彩色甜椒，切成小丁來裝飾菜色，會使菜色看來更可口。不喜歡甜椒的味道，也可以換成雙色番茄或萵苣葉等爽口青蔬。

Anise
香料輕輕說
　　原產於埃及和中東及印度一帶的大茴香籽（Anise），曾是埃及人製作木乃伊的防腐香料之一，也是印度人用來咀嚼的口腔芳香清潔劑；它的藥用效果除了可以去痰止咳促消化外，中古世紀的產婦則多利用為催乳劑。大茴香籽傳入歐洲的歷史悠久，廣泛運用於甜品及香料酒主料；像希臘的Ouzo及義大利的Sambuca，都是世界聞名的香料酒。而如果將大茴香酒加入調酒或咖啡茶飲品，氣味更是非凡。

Spice

阿拉伯小茴香羊小排
Cuimin Lamb Chops

主要材料（4人份）
法式羊小排（約600公克）..............12片

主要香料
阿拉伯小茴香（細粉）..............1茶匙
鹽..............半茶匙
黑胡椒粉..............半茶匙

沾　　醬
阿拉伯小茴香（粗末）..............半茶匙
山艾（粗末）..............1/4茶匙
蒔蘿子（粗末）..............1/4茶匙
月桂葉..............2片
黑胡椒粉..............半茶匙
麝香草..............半茶匙
紅石榴汁..............150c.c.
紅酒..............4大匙
清水..............150c.c.
洋蔥（洗淨切末）..............1/4個
大蒜（去皮洗淨切末）..............6瓣
糖..............3大匙
鹽..............半茶匙
橄欖油..............2大匙
果凍膠粉（或吉利丁，約用2大匙的涼水調開）1大匙

做　　法

1. 將橄欖油、果凍粉除外的沾醬料，全部放進小鍋內，以小火滾煮8分鐘，用濾網過濾。趁醬汁熱時，加入調溶的果凍粉攪拌放涼。使用前以大湯杓用力攪拌，使醬汁呈現濃滑的狀態即可。

2. 橄欖油放入平底鍋中，以小火燒熱。把羊小排逐一平鋪鍋中，見表面微冒血珠時就將爐火轉至最大，再用鍋鏟輕輕平壓一下羊排表面（讓貼近鍋面的羊肉更直接受熱源），5秒鐘後，轉中小火，羊排全部翻面煎個3分鐘即可。

3. 羊排盛盤後，均勻撒上薄薄一層由阿拉伯小茴香、鹽、黑胡椒粉所混合的香料粉，食用時配上步驟1的紅酒沾醬，即成為相當富有異國風味的菜餚。

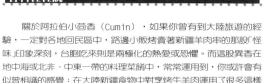

Cumin
香料輕輕説

關於阿拉伯小茴香（Cumin），如果你曾有到大陸旅遊的經驗，一定對各地回民區中，路邊小販烤賣著新疆羊肉串的那股「怪味」印象深刻，台胞吃來則是兩極化的熱愛或恐懼。而這股異香在地中海或北非、中東一帶的料理菜餚中，常常運用到，你或許會有似曾相識的感覺：在大陸新疆食物中對烹烤牛羊肉運用了很多這樣的香料，他們稱之為「孜然」，在台灣也有翻譯為小茴香。

小技巧

在一些超市或肉品進口商門市買到以小羊羔背肋排所精剔成型的法式羊小排，特點是脂筋去淨後留肉質軟嫩的精肉，且外觀上幾近一致，在烹調前可不需任何除腥的處理，是最適合簡單調味食用的。

法式餐點裡，常搭配羊小排食用的沾醬為清淡微甜的薄荷醬，在專賣店或大型超市中可買到罐裝進口的薄荷醬。而本道食譜中的私房紅酒沾醬則比薄荷醬多了份香氣，讓羊小排的肉質更添鮮美。

Spice

Spice

奧力岡草燒雞腿
Chicken joint ewith Oregano Sause

主要材料（*2* 人份）

雞腿..................................2隻
（重約500公克，每一隻雞腿順著筋骨肌理用小尖刀剔去骨頭，再用較粗的刀背敲斷末端的雞腿骨，放進清水中沖洗，漂去血水）

主要香料

奧力岡（研磨細粉）.....................2茶匙

爆香調味料

沙拉油..............................2大匙
大蒜（去皮切片）......................2瓣
嫩薑片..............................3片

A
胡荽子	1茶匙
阿拉伯小茴香籽	1/4茶匙
匈牙利紅辣椒粉	1茶匙
墨西哥紅辣椒醬 Tabasco	1茶匙

B
台灣啤酒	半杯
檸檬（削下1/4的檸檬皮，其餘搾汁）	1個
香吉士柳橙（削下1/4的柳橙皮，其餘搾汁）	2個
鹽	1茶匙

清水..............................1杯

做　法

1. 少許沙拉油倒入炒鍋中以小火燒熱，大蒜片、嫩薑片下鍋炒香，加入清水及雞骨頭熬煮10分鐘。再下奧力岡粉及A料，滾煮7分鐘後加入B料，爐火轉大，讓湯汁滾沸約2分鐘即可熄火，用濾網過濾湯汁，加入檸檬皮及柳橙皮拌攪放涼。

2. 把去骨的雞腿肉攤放進已涼的醬汁中，放在冰箱冷藏浸泡約4個小時。其間要多翻幾次面，讓肉片充份吸收醬汁。

3. 平底鍋中倒入剩餘的沙拉油以小火燒熱，將雞腿肉平攤在鍋中（帶皮那面先煎），爐火略微轉大一點，見接近鍋底那面的雞皮已呈均勻焦黃時，翻面再煎，可將剩餘的醃汁入鍋燴煮，在湯汁略收乾時，用牙籤戳刺看看，若不見血水可起鍋。

4. 盛盤出菜時，淋些剩餘醬汁在雞肉上，再撒些奧力岡草細粉即可。

Oregano

香料輕輕說

　　奧力岡（Oregano）是一種原產於地中海東北部的野生牛膝草，味道較同科屬的牛膝草辛香強烈。在地中海式烹調中，多用於烤披薩餅或各式麵醬，在法國南部亦有多與麝香草、九層塔混合調製羊乳酪的醬汁，或用於魚類料理上。在藥用效果中，一般認為具有健胃鎮靜的功效，對細菌性感染有很好的消毒作用。

花生醬雞胸肉
Peanut Sauce Creamy Chicken Breasts

主要材料（4人份）

雞胸肉..250公克
（斜刀片切3×4公分薄片，用少許香油、白胡椒粉、鹽抓醃一下，再用適量太白粉把每一片雞肉拍沾薄薄的粉皮）
洋蔥（去皮切2×2公分塊狀）..........1/4個
培根（切2×2公分塊狀）..................2片
黑香菇（洗淨切對半）.......................3朵
白蘑菇（洗淨切對半）.......................3朵

沾　醬

墨西哥紅辣醬..................................1茶匙
檸檬（搾汁）......................................1個
冷開水...50c.c.
糖...1大匙
鹽...1/8茶匙

A ┌ 花生醬（買內含顆粒的）.............4大匙
　│ 大蒜（洗淨剁極細末）..................8瓣
　│ 嫩薑（洗淨剁極細末）...............小1條
　│ 香菜.......................................1小把
　│ （洗淨剁極細末後，量取2大匙使用）
　│ 紅辣椒粉...............................1/4茶匙
　│ 匈牙利紅辣椒粉.......................半茶匙
　└ 胡荽子粉..................................1茶匙
沙拉油...2大匙

爆香調味料

沙拉油...1大匙
清水..半杯
鹽..1/4茶匙
青蔥（洗淨切3公分長段）..................2支
紅辣椒（洗淨去籽切斜片）..................2條

做　　法

1. 將冷開水加入墨西哥紅辣椒醬、檸檬汁，調溶糖和鹽後，陸續放入A料均勻調合；最後才加入2大匙的沙拉油用力攪拌後，放置一旁待用。
2. 炒鍋中放入沙拉油1大匙以中小火燒熱，將雞肉片逐一下鍋煎炸至表面微硬黃，夾出瀝油，在原炒鍋中放進青蔥段、紅辣椒片、洋蔥塊、培根塊炒香，續下黑香菇及白蘑菇拌炒約2分鐘，加入清水及鹽，以小火蓋鍋燜煮約3分鐘，把爐火轉大，放入煎過的雞肉片略攪拌即可熄火盛盤。
3. 把調拌好的花生醬，另外用小器皿裝著，放在盤中雞肉旁即可上桌。

Peanut Sauce

香料輕輕說

　　大家最熟悉的花生醬吃法就是塗抹於吐司上，其實中菜中它經常被運用於調拌各種沾醬及淋汁；而馬來西亞的沙爹串中的醃烤醬，也摻入大量的花生醬。近年台灣很流行的加州菜系中，揉合了地中海、中南美洲、亞洲等各地移民的烹飪特色下，沙爹醬改良之後，就又成了新味淋醬，用來淋烤各類食物都是非常可口的。

華道夫雞肉沙拉
Waldorf Chicken Salad

主要材料（*2* 人份）

雞胸肉.....................................1個
（約150公克／以少許白胡椒粉、香油及1/4茶匙的醬油醃漬）
青蘋果及紅蘋果.....................各半個
（洗淨去籽切2×2粗塊狀）
洋芹梗.....................................2支
（洗淨刨去粗纖皮，切1公分橫段）
核桃仁.....................................8個
（進烤箱以250℃烤5分鐘使其酥脆後，切碎塊放涼）
沙拉油.....................................1大匙

醬　　汁

一般沙拉醬.............................4大匙
酸奶油（Sour cream）..............1大匙
法式芥末醬.............................2茶匙
檸檬（切瓣）..............................半個
香芹子粉.................................半茶匙
黑胡椒粉（粗末）...................1/4茶匙

做　　法

1. 沙拉油1大匙放入炒鍋中，以中小火燒熱，將雞胸肉整個攤放於鍋中，煎至兩面皆呈焦黃熟透。起鍋瀝油後，在砧板上切2×2公分丁塊。
2. 拿一個大碗將沙拉醬、酸奶油、法式芥末醬拌勻後，檸檬瓣擠汁連皮一起丟入，再將香芹子粉、黑胡椒粉加入拌勻。
3. 拿個盤子將雙色蘋果塊鋪好，接著依續放下洋芹梗丁、煎香過的雞肉塊、核桃碎後，淋上調好的醬汁即可。

Celery Seed

香料輕輕說

　　華道夫沙拉是由紐約Waldorf Astoria飯店主廚在20世紀初所創製的，流傳於世界各地後，也成了沙拉菜式的一種典型。

　　這裡所用的香芹子（Celery seed），是我們常在市場可看到的西洋芹種子，早期原產於南歐，味道略帶苦味而籽的氣味又比洋芹的根莖來得清淡溫和，由於香芹子的香氣特性較易揮發，故多用於油醋中浸味或磨粉調醬用。

Spice

蝦夷蔥醬淋馬鈴薯泥
Potato Mixture in Chive Cream

主要材料（*4 人份*）

馬鈴薯................................2 個
（洗淨去皮，每一個皆切 4 片放入蒸籠中蒸熟後，放於碗中用湯匙搗壓成泥）
法國麵包（約切 6 片）................1 條

主要香料

蝦夷蔥................................2 茶匙

爆香調味料

橄欖油................................3 茶匙
奶油................................半茶匙
培根（切細絲）........................2 片
洋蔥（切細丁）......................1/4 個
黑胡椒粉（粗末）....................1/4 茶匙
鹽................................1/4 茶匙

	酸奶油................................4 大匙
A	青蔥（洗淨切細蔥花）................1 支
	大蒜粉................................半茶匙
	洋蔥粉................................半茶匙
	白胡椒粉及鹽......................1 小撮

起司絲................................適量

做　　法

1. 炒鍋中放入橄欖油、奶油以小火燒熱，放下培根絲、洋蔥丁炒香；加入黑胡椒粉及鹽拌攪一下熄火。將炒好的培根料連同油汁倒入馬鈴薯泥中，用大湯匙充分拌和。
2. 拿一個大碗，放入蝦夷蔥及A料充份拌勻。
3. 用小湯匙挖些調味好的馬鈴薯泥，鋪在法國麵包斜片上，再放上起司絲、培根絲入烤箱，以上火烤至起司絲融化微帶金黃焦邊即可。
4. 上菜前，將調好的酸奶油醬淋些在麵包餡料上。喜歡辣味重的，可加些墨西哥紅辣椒醬 Tabasco 也非常可口。

Chive

香料輕輕說

蝦夷蔥（Chive）雖名之為蔥，但和洋蔥、青蔥有著很不同的香味。蝦夷蔥辛香的味道，在經過烹調處理時會透出淡淡的鮮蝦混合奶油的香氣，而它的運用之廣，大概除了甜品以外，幾乎所有的食材或燉炒菜餚皆宜。在歐美烹飪中對蝦夷蔥的使用，跟中國人的青蔥有異曲同工之妙，總在熱炒或湯品完成後出菜前，撒上少許作為提香之用。

葛縷子炒泡菜
Sour Cabbage with Caraway Seed Paste

主要材料（2人份）

高麗菜...................................半棵

（約400公克，整棵切兩半，再逐葉撕下用水洗淨後瀝乾水份，葉片疊齊切約0.5×3公分長寬絲條備用）

主要香料

葛縷子..............................1茶匙

爆香調味料

橄欖油................................2大匙
胡荽子..............................半茶匙
綠胡椒粒............................半茶匙
鹽....................................2茶匙
檸檬（榨汁）........................2個
白醋................................1大匙
清水..................................半杯
培根（切細絲）......................2片
洋蔥（切細絲）....................1/6個
大蒜（洗淨去皮切片）................4瓣

做　　法

1. 橄欖油1大匙放入炒鍋中以小火燒熱，加入葛縷子、胡荽子、綠胡椒粒稍加攪拌，再加入鹽、檸檬汁、白醋炒香，最後把高麗菜絲放入鍋中拌炒至微軟，加清水炒拌後熄火。

2. 取適量置於盤中，其餘裝罐放入冰箱冷藏保存。

3. 炒鍋中橄欖油1大匙以小火燒熱，放入培根絲炒酥，再將大蒜片、洋蔥絲下鍋炒香，直接淋在盤中高麗菜上，吃的時候翻拌一下即可。

Caraway Seed

香料輕輕說

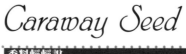

葛縷子（Caraway Seed）的香氣很濃郁，多用來調味各式乳酪及奶油，這道菜的做法可用來當做德國豬腳盤襯的酸泡菜，如果喜歡還可以西菜中吃，煮個肉絲泡菜麵，味道也很鮮美。葛縷子用來調理蔬菜時，香味則會變化成微帶檸檬皮的清香，饒富趣味；它更是地中海很多香料酒及重要的調味香料之一。

綠豆蔻奶醬磨菇
Mushrom in Green Cardamon Cream

主要材料（*4人份*）

白蘑菇.................................半斤
(逐個洗淨，形狀較大的切半，放入滾水中燙煮2分鐘
後撈出瀝水待用)
蝦仁(洗淨，剔除腸泥，瀝乾水份)......100公克
彩色甜椒(去籽，切2×3公分粗塊).......適量

主要香料

綠豆蔻（剝開去殼）.....................5顆

爆香調味料

沙拉油............................1大匙
大蒜(去皮切丁).....................5瓣
嫩薑片(切細丁末)...................4片
牛奶...............................半杯
清水.............................50c.c.
鹽.............................1/4茶匙
燻起士片(切丁).....................2片
香菜...............................少許

做　法

1. 炒鍋中沙拉油以小火燒熱，放入大蒜丁、
   嫩薑片末炒香，再放入下蝦仁略微拌炒，
   加上三色彩椒塊繼續翻炒2分鐘後熄火，
   盛於碗中待用。
2. 原炒鍋中倒入牛奶、清水、鹽及綠豆蔻，
   小火滾沸5分鐘後，用濾網過濾過，加入
   燻起司丁，再度滾沸時，將炒半熟的蝦仁
   及彩色椒塊入鍋，再轉大火炒拌2分鐘後
   熄火盛盤。出菜前撒些香菜即可。

Green Cardamon

香料輕輕説

豆蔻家族包括肉豆蔻、小豆蔻、草豆蔻等，因產地及品種的
差異，每種豆蔻皆有不同的香味特質，本道菜餚所用的綠豆蔻
(Green cardamon) 也譯為小豆蔻。在阿拉伯或印度斯里蘭卡，
喜歡在招待貴賓的茶或咖啡裡，加些豆蔻或其他香料來提香及表
達敬意。

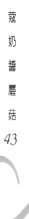

咖哩焗海鮮飯

Seafood Rice with Curry Paste

主要材料（*4 人份*）

五穀米 . . . . 1 杯
清水 . . . . 1 杯半
蝦仁 100公克
（洗淨後，逐一就蝦仁大小切成 2～3 段）
干貝（洗淨後，將較大的切對半即可）. 50公克
鯛魚片 150公克
（洗淨後先切掉魚片中間脊刺，再切 2×2 公分小塊）
白磨菇 . . . . 4 朵
（洗淨後切薄片，可依個人喜好擷用其他菇類）

主要香料

咖哩粉 1大匙

爆香調味料

紅蘿蔔 小1條
洋蔥（洗淨去皮後皆切小塊待用）. . . . . 半個
鹽 . . . . 半茶匙
清水 . . . . 半杯
白葡萄酒 1大匙
沙拉油 2大匙
大蒜（去皮切片）. . . . . 4 瓣
椰子絲 1茶匙
匈牙利紅辣椒粉 1茶匙
鮮奶 . . . . 半杯
炒麵糊 2茶匙
（用 1 大匙麵粉及 4 茶匙奶油，在炒鍋中拌炒至麵粉充
份吸收奶油）
起司絲（喜歡吃起司的人可酌量增加）. 4大匙

做　法

1. 以果汁機將紅蘿蔔塊、洋蔥塊、鹽及半杯
清水、白葡萄酒攪打成泥糊狀備用。
2. 在炒鍋中以小火燒熱沙拉油，放入大蒜
片、椰子絲，炒至色澤呈現金黃色時，再
加入咖哩粉、匈牙利紅辣椒粉，繼續拌炒
1 分鐘左右。
3. 加入鮮奶及炒麵糊，以及打成泥糊狀的洋
蔥紅蘿蔔一起燒滾 5 分鐘，轉大火放入切
好的海鮮，翻拌個幾下立即熄火。
4. 拿一個大碗，把炒好的海鮮醬與五穀飯充
分拌和，將起司絲平鋪在飯上，放進烤箱
以 250℃ 上火烤約 7 分鐘左右，見起司絲
融化及表面呈金黃微焦色澤即可。

小技巧

　　五穀米是以糙米、黑米、燕麥、蕎麥、小薏米等比混合而
成的健康食品，入電鍋煮之前先浸泡20分鐘會比較快熟；若趕
時間無法事先浸泡的話，也可多加半杯水煮。煮熟後，先放在電
鍋中保溫待用。

Indian Curry Powder

香料輕輕說

　　咖哩粉（Indian Curry Powder）其實是南洋各地對混合香
料的一種代名詞，而一般大眾所熟悉的還是以印度咖哩為主。事
實上印度人在使用咖哩粉做菜時，是針對不同主材料(肉類、海
鮮、蔬菜等) 來調味的，不同的咖哩粉至少都有8至20多種香料
混合而成。另外在印度有一種香料植物叫咖哩葉(Curry Leave)
，只有以鮮葉入餚才能散發所謂的咖哩香味。

山艾雞湯
Sage Chicken Soup

主要材料（*4人份*）
大雞腿（重約500公克，約剁成5塊）........1隻

主要香料
山艾...............................1茶匙

爆香調味料
橄欖油............................1大匙

A
┌ 大蒜（去皮洗淨）...................4瓣
│ 洋蔥（切細絲）...................1/4個
│ 洋芹梗（洗淨切小段）...............2支
└ 紅蘿蔔（洗淨切小圓片）.............半個

清水..............................4杯

B
┌ 奧力岡..........................半茶匙
│ 迷迭香..........................半茶匙
└ 黑胡椒粒.......................1/4茶匙

新鮮的巴西里（洗淨後切細丁）...........少許
鹽（洗淨後切細丁）...............1/4茶匙

做　　法
1. 炒鍋中放入橄欖油以中小火炒香 A 料，加入清水、山艾及 B 料滾沸後，轉小火煮30分鐘，用濾網過濾湯汁。
2. 過濾好的湯汁倒入湯鍋中，放入雞腿塊，先用大火滾沸3分鐘並用湯杓刮去湯上的浮沫，再加入鹽調味，最後蓋鍋以小火燉煮約40分鐘即可。
3. 將湯盛入湯碗中，撒些巴西里末即可。

Sage
香料輕輕說
　　山艾（Sage）原產於地中海沿岸，又名鼠尾草；義大利人相當喜愛山艾，當義大利人購買山艾時，肉販總會塞些山艾贈送給顧客。而古羅馬時代山艾即有「救世仙草」的美譽，除了可助消化及消炎外，還能鎮靜、解熱，對於神經痛、關節炎的治療也頗有助益。

小技巧
　　去血水：先用鍋子燒開熱水，將雞塊放進滾水中燙至表面不見血色後，再夾出放在清水中沖泡半個小時便可漂去血水。

蔬菜巧達湯
Vegetable Chowder

主要材料（4人份）

馬鈴薯（削皮切細丁）.....................2個
雞湯罐.................................1罐
新鮮蘆筍.............................150公克
（洗淨，削去根部外皮粗纖，切丁）
蘑菇................................100公克
鮮香菇（菇類均洗淨瀝乾水份，切丁）
火腿片（切細丁）.......................3片

主要香料

麝香草............................1/4茶匙
月桂葉................................2片

調味料

橄欖油..............................2茶匙
奶油...............................1大匙
洋蔥（洗淨切丁）.....................1/4個
清水...............................1杯半
鮮奶................................1杯
炒麵糊（做法見p.45咖哩焗海鮮飯）......1大匙
鹽.................................半茶匙
巴西里（新鮮的）.......................少許
黑胡椒粗粉...........................少許

做　法

1. 炒鍋中放入橄欖油、奶油以小火燒熱，加
   入洋蔥丁炒香，續下馬鈴薯丁、麝香草
   拌炒一下，加入雞湯、清水、鮮奶滾煮25
   分鐘，用大湯杓攪拌擠壓一下湯中的顆
   粒，再用濾網過濾湯汁。
2. 過濾好的湯汁放在小湯鍋中，加入蘆筍
   丁、蘑菇及香菇丁、火腿丁、月桂葉、麵
   糊和鹽，不斷的攪拌到麵糊顆粒散勻後，
   開大爐火滾沸4分鐘左右熄火。出菜前可
   加少許的巴西里及黑胡椒粗粉提香。

Chowder

香料輕輕說

巧達（Chowder）一詞指各式食材烹製的濃湯，巧達的是字
源於拉丁文Warm，亦指熱湯之意。如今多數的巧達慣以蔬菜
牛奶為湯底，再去熬煮各種海鮮。如果你是很喜歡喝奶油濃湯，
試試看用馬鈴薯泥代替炒麵糊勾芡，你可能會發現，湯底喝來更
香滑醇口呢！

Spice
返鄉·中國篇

有過佇立在西安城廓上的機會，
我努力的
努力的，望著右邊，想那是絲路的起點
而左邊兒呢！有紅星旗在站崗
也曾迷路在北京市裡暗夜的巷巷弄弄中，
我慌張的
慌張的，望著高牆的內邊，
揣想著前朝幽魂的漫吟低嘆
而高牆的外邊兒呢！還是紅星旗在站崗
於是
就在台灣的街頭，我呼吸著
呼吸著，那從小，
從祖祖輩輩以前吧！
一直都熟悉的氣味

愛戀香料菜
50

Spice

桂枝蝦
Prawns in China Cassia Sauce

主要材料（*4* 人份）

草蝦.....................................9隻

（約半斤，洗淨後，逐一用小剪刀修剪蝦鬚，在蝦背剪開1公分長的小口，清洗並掏淨腸泥，不要弄破蝦身以保持成品美觀）

主要香料

桂枝（切片）.......................1 大匙
枸杞子...........................20顆左右

爆香調味料

清水.................................1杯半
鹽....................................半茶匙
米酒..................................1大匙
沙拉油................................1大匙
香油..................................半茶匙
青蔥（洗淨切段）......................1 支
嫩薑片................................3 片
九層塔（提香及裝飾用）................幾片

做 法

1. 炒鍋中放入清水，加入桂枝、枸杞子以小火滾沸約 15 鐘。
2. 將草蝦平鋪於蒸盤中，倒入煮好的桂枝，加上鹽和米酒，放進蒸籠以小火蒸約 10 分鐘。
3. 沙拉油及香油放入炒鍋內以小火燒熱。將青蔥段、嫩薑片下鍋微爆香，熄火後直接將油淋在蒸好的蝦子上，點綴幾片九層塔即可出菜上桌。

小技巧

如果用的是冷凍蝦，可加重酒的份量，或在蒸蝦子之前，讓桂枝水浸泡蝦子的時間長些，都是利於入味除腥的方法。

China Cassia

香料輕輕說

在坊間或常看到的小罐裝瓶的肉桂粉，是由原產於斯里蘭卡品種的肉桂樹皮（Cinnamon）所研細的粉末，和我們這道菜餚所用的中國品種桂枝（China Cassia）香氣略微不同。而中國肉桂由於使用的部位不同又分成：性溫可發汗去寒的桂枝（肉桂的嫩枝）、溫中散寒的桂丁（肉桂的果實），以及性熱補陽通血脈的肉桂樹皮，即一般所說的肉桂。在烹調的運用上，桂丁、肉桂多用於燉滷，而桂枝則多用於甜品。本道菜以桂枝搭配鮮蝦，而不用肉桂皮，是取桂枝的性溫不燥，氣味綿細，可達到提香及食補的效益。

Spice

薑絲小卷
Ginger Slices Stuffed Squids

主要材料（*4 人份*）

小卷．．．．．．．．．．．．．．．．．．．．．．．．．．4～5隻
（約1斤，頭到尾約長15公分較佳，掏洗小卷肚內時，
不要弄破肚身及墨色囊，以保塞填薑絲後成品美觀）

主要香料

嫩薑絲．．．．．．．．．．．．．．．．．．．．．．．．．．200g
（嫩薑約200公克，洗淨後去掉頭尾不整的部分，切細
絲，用滿過薑絲的水浸泡待用）

爆香調味料

沙拉油．．．．．．．．．．．．．．．．．．．．．．．．．4茶匙
青蔥（洗淨切段）．．．．．．．．．．．．．．．．．．2支
紅辣椒．．．．．．．．．．．．．．．．．．．．．．．．．2個
（洗淨剖開兩瓣，剔淨辣椒籽後切段）
大蒜片（去皮切薄片）．．．．．．．．．．．．．．5瓣
嫩薑片．．．．．．．．．．．．．．．．．．．．．．．．．3片
鹽．．．．．．．．．．．．．．．．．．．．．．．．．1/4茶匙
味精．．．．．．．．．．．．．．．．．．．．．．．．1/4茶匙
醋汁（3茶匙白醋＋1茶匙黑醋混合）．．．．．．．4茶匙
醬油．．．．．．．．．．．．．．．．．．．．．．．．．1大匙
清水．．．．．．．．．．．．．．．．．．．．．．．．．半杯
白胡椒粉．．．．．．．．．．．．．．．．．．．．．．少許
香油．．．．．．．．．．．．．．．．．．．．．．．．．少許

做　法

1. 沙拉油2茶匙倒入炒鍋內，用中小火燒熱，放入一半份量的青蔥段、紅辣椒段、大蒜片爆香後撈出，將嫩薑絲、3茶匙醋汁、鹽及味精倒入鍋中，炒香後起鍋備用。
2. 炒好的嫩薑絲取適量塞入清洗乾淨的小卷肚子中。
3. 炒鍋內再放入2茶匙沙拉油燒熱，將剩餘的青蔥段、紅辣椒段、大蒜片、薑片等料爆香，再放入1茶匙醋汁、醬油及清水烹煮，湯汁略為滾沸時，先將爐火轉小再放入小卷燜煮，約10分鐘即可上菜。
4. 出菜前，淋撒少許胡椒粉及香油。

Ginger

香料輕輕說

　　生薑（Ginger）在市場上分老嫩之別，嫩薑多用於爆炒青菜、烹製海鮮；老薑則多使用在民間食療上，如冬令進補、體虛補益的菜餚。特別的是在中醫藥物的分類裡，以治病特性則分為生薑、薑皮、乾薑、炮薑等。

　　而在中國，薑用於食材調味的記載約見於周朝，至於歐洲約是在中古世紀左右；美國則因近百年有著大量的亞洲移民，便在菜餚的技法融合下，有所謂的加州菜系一幟，鮮薑入菜調味才開始普遍。

Spice

阿嬤的油醬青蚵
Oster in Basil Paste

主要材料（4人份）

青蚵..半斤

主要香料

九層塔....................................30公克
（挑掉粗硬枝芽，留葉子、嫩芽、花苞，洗淨待用）

爆香調味料

清水..2杯半
青蔥（洗淨切段，分兩份）........................2支
大蒜（去皮切薄片，分兩份）....................3瓣
嫩薑片......................................3片
米酒..2大匙
沙拉油......................................2大匙
香油..1大匙

A	嫩薑（洗淨切粗末）....................1條
	蒜苗（洗淨切環丁約0.5公分）........2支
	黑豆豉..........................1茶匙
	紅辣椒（洗淨切環丁）................1支
	醬油..............................2大匙
	鹽..............................1/4茶匙
	糖..............................2茶匙
	白胡椒粉..........................半茶匙

做　　法

1. 鍋中放入2杯清水及一半的蔥段、大蒜片、嫩薑片，大火滾沸1分鐘後，加入米酒和青蚵下鍋燙約30秒鐘後撈起；挑掉蔥薑蒜後，青蚵以冷開水略微沖洗一下。
2. 鍋內放入沙拉油、香油用中小火燒熱，再下另一半的青蔥段及大蒜片爆香後，續下A料一起炒香。
3. 加半杯清水入鍋內，水滾時熄火，放入燙好的青蚵和新鮮九層塔再翻拌一下即可盛盤食用，也可放進冰箱冷藏後食用。
4. 食前可再淋幾滴香油以小醬菜方式出菜，或盤底舖些炸油條、炸粉絲也非常好吃。

小技巧

此道菜餚趁熱吃或冷藏後食用，風味皆佳。在冰箱中冷藏，可保存3～4天的新鮮度不變味。

Basil

香料輕輕說

　　九層塔（Basil）廣泛運用於台菜及客家料理中，大概是我們日常生活最熟悉的新鮮香料之一；原產地在印度的九層塔，在地中海一帶也是非常受歡迎的，這可能是因為九層塔的香氣對海鮮類的食材有著特別的提鮮效果吧！

芹葉鑲文蛤
Clama in Celery Paste

主要材料（4人份）

文蛤..............................25個
（約1斤，挑中大型的，以清水加一小匙香油或鹽巴浸泡20分鐘，待文蛤吐沙後，用小湯匙撬開，將流出的文蛤湯汁收集於碗中）

雞胸肉..........................200公克
（斜刀切成薄片，並用少許白胡椒粉、香油、米酒、醬油及太白粉抓醃一下，再取其中一片剁成細末）

火腿（剁成細末）................1片

香菇（剁成細末）................2朵

主要香料

芹菜...........................100公克
（洗淨，選較大的葉子待用，芹菜梗則切成4公分長段）

爆香調味料

嫩薑（剁成細末）................2片

太白粉..........................1大匙

沙拉油..........................1大匙

A	大蒜（去皮切片）................3瓣
	青蔥（洗淨切段）................2支
	紅辣椒........................2個
	（洗淨後剖開成兩瓣，剔淨辣椒籽切段）

米酒............................半小匙

白胡椒粉........................少許

清水............................少許

香油............................半小匙

做　法

1. 把一半的文蛤湯汁混合雞肉末、火腿末、香菇末及嫩薑末、太白粉，攪拌混合至餡料有些發黏爲止。
2. 用小湯匙將混合餡料挖出小球狀，填塞進文蛤內磨平壓緊。
3. 將蒸籠的水用大火燒開，放進排好的文蛤蒸盤，蓋好鍋蓋轉小火蒸5分鐘後熄火，再取芹菜葉1片片塞入文蛤肉底下。
4. 用沙拉油將芹菜梗段及A料爆香，再加入雞胸肉片及白胡椒粉翻炒2分鐘後，倒入剩餘的文蛤湯汁及少許清水、香油入鍋。

5. 湯汁略收乾時，將雞肉盛入蒸好文蛤的盤子周圍，再將剩餘的湯汁淋於文蛤上即可。

Celery

香料輕輕說

芹菜（Celery）一般分爲本土芹菜及西洋芹菜，此道菜餚使用的本土芹菜香味較濃郁辛香，多見於台式或客家各式小炒菜餚。一般人習慣把芹菜葉在挑洗過程中扔掉，但你或許不知道，在馬來西亞的「鄉土菜」中，用芹菜葉沾麵粉炸來吃或醃漬泡菜是非常受歡迎的。而大家普遍都知道芹菜汁具有降血壓的良效，但值得注意的是，就中醫來說，芹菜味甘苦涼，食用時還得針對特有的高血壓病症，方有所謂的效果，唯有請教專業才不至於盲從瞎補。

Spice

嫩蔥三絲
Green Onion Seafood Salad

主要材料

花枝（小）. . . . . 1 隻
（約400公克，清洗並剔淨內外黏膜，切成兩大片。頭部的部分清掉眼珠、嘴子、軟骨後，順花枝軟足的大小切長條）

清水. . . . . 2 杯

洋菜條（冷開水浸泡約15分鐘）. 1/4條

小黃瓜. . . . . 2 條

紅蘿蔔（小）. . . . . 1 條
（皆洗淨去皮刨細絲，以鹽1小匙略微抓捏後，放置10分鐘再次捏去多餘水份）

主要香料

青蔥. . . . . 3 支
（洗淨後切齊頭尾，全部切成4公分粗段再切細絲，放在容器中用滿過蔥絲的清水，多次漂洗至洗去蔥絲上的黏液，瀝乾待用）

紅辣椒. . . . . 2 個
（洗淨後剖開剔淨辣椒籽，切4公分長細絲）

爆香調味料

鹽. . . . . 半茶匙

糖. 1/4茶匙

香油. 1茶匙

黑醋. . . . . 半大匙

柴魚片（稍微擠壓成碎片狀）. 1小包

做　法

1. 2杯清水以大火滾沸後熄火，將花枝片全部下鍋燙泡約2分鐘後撈起，放進有冰塊的冷水鍋中冰鎮至全部透涼。

2. 取出花枝片並甩乾水份，切成長4公分、寬0.3公分的細絲。

3. 拿一個大碗將花枝細絲、洋菜條、小黃瓜絲、紅蘿蔔絲，全部的香料、調味料放入攪拌即可食用。

4. 食用前可放置冰箱冷藏冰涼約20分鐘，吃起來更添涼脆爽口。

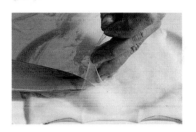

Green Onion

香料輕輕說

　　青蔥（Green Onion）在台灣因產地品種的差異而不同，宜蘭的青蔥體型細小但味濃，用來爆香肉類，除了壓腥外，亦有強烈增香效果；而多數近郊平地種植的青蔥味道則較淡。另有大蔥（或稱冬蔥）直徑約2～3公分粗，味道極嗆和衝，適合燉滷。一般素齋中，青蔥算是五葷之一，或許與其性味辛溫、活血通氣的特性有關吧！據說多食者易動氣發怒，但你可能不知道蔥白在對付感冒初起時的畏寒、頭痛頗具發汗通表的良效，且對魚蝦類的食材有消毒作用呢！

花椒爆魚片
Stir-Fry with Fagara Fillets

主要材料（*4人份*）

鯛魚片..1片
（約200公克，切成2片，再以斜刀切成10份薄片，魚片中間有一小排魚刺要先剔除，並將切好的魚片用太白粉抓一下）

主要香料

花椒粒(約15粒左右)....................1茶匙

爆香調味料

沙拉油(油炸用)..........................2大杯

A　┌ 青蔥（洗淨切段）................2支
　　│ 大蒜（去皮切薄片）............4瓣
　　│ 嫩薑（切細絲）.................3片
　　└ 紅辣椒段..........................2個
　　（洗淨剖開成兩瓣，剔淨辣椒籽再切絲）

調味料

紹興酒..1茶匙
醬油..1大匙
清水..半杯
鹽..半茶匙
味精..1/4小匙
糖..1/4小匙
白胡椒粉......................................少許
香油..少許

做　法

1. 炒鍋內放沙拉油至七、八分熱，逐一放入魚片，炸熟至表面微焦黃，撈起瀝油。
2. 炒鍋內炸油留約1大匙，以中小火炒香花椒粒，放入A料及紹興酒、醬油翻攪一下，再放入清水、鹽、味精、糖及少許白胡椒粉、香油以增加香氣。
3. 把炸好的魚片放進鍋內湯汁中，轉大火用鍋鏟快速翻炒，約3分鐘內即可，好讓醬汁在快火下，使魚片上色入味而不至炒糊、炒散掉。

Fagara

香料輕輕說

　　吃的時候，要避開花椒粒（Fagara），因為花椒粒的味道吃來辛麻，不是多數人可以接受的；此外，近年有醫學報導末磨粉碎的花椒粒，在食用後其殼膜易沾抓在胃壁上，造成消化道的疼痛及不適。

　　本道菜餚末使用花椒粒細粉入香，是因磨成細末的香料粉多用在乾沾調味或拌滷食物。且在爆炒菜餚過程中，香料以未經磨碎的原型用快火炒香，是只為取其香氣而不著其麻味。

Spice

Spice

肉豆蔻燒牛小排
Beef Ribs in Nutmeg Paste

主要材料（*4 人份*）

牛小排（切成3×4公分寬塊）..........300公克
白蘿蔔（洗淨削皮，切3×3公分塊）.......1條

主要香料

肉豆蔻（壓碎後再量取）...............1茶匙
白豆蔻（壓碎後再量取）...............半茶匙
八角.............................3朵
橘皮（切小丁後再量取）...............半茶匙

爆香調味料

沙拉油...........................3茶匙
蒜苗（洗淨後切兩段）.................1支
大蒜（洗淨去皮）...................4瓣
老薑（洗淨用刀背拍壓，使其略微裂碎）.....1條
帶皮的甘蔗頭......................1節
（約15公分長，先用爐火燒烤甘蔗頭至表皮呈焦黃，再
用清水略微刷洗後，以刀背拍壓使其略微裂碎）
辣豆瓣醬.........................1大匙
醬油............................1大匙
清水............................2杯
太白粉（用2大匙清水調和）.............1大匙
白胡椒粉、香菜、香油................少許

做　　法

1. 將主要香料略沖洗後，裝入小布袋或鐵球
   綁緊。
2. 炒鍋中放入沙拉油，將蒜苗、大蒜、薑、
   甘蔗頭爆香。續下牛小排塊、辣豆瓣醬、
   醬油炒至微焦黃色。
3. 就原來的炒鍋中加入清水及香料包，大火
   滾沸時，轉小火蓋好鍋蓋燉煮約20分鐘。
4. 加入白蘿蔔塊繼續燉15分鐘，最後加入太
   白粉水在鍋中調散燒滾熄火。
5. 用濾網將鍋中所有材料過濾，挑出肉塊及
   白蘿蔔塊放在盤中並淋些湯汁、撒上白胡
   椒粉、香菜、香油即可上菜。

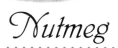

Nutmeg

香料輕輕說

　　肉豆蔻（Nutmeg）在中藥的範疇中又稱「肉果」，而在西方
香料的使用上，Nutmeg指的是豆蔻核仁；另外Mace指的是豆蔻
核仁外網狀型的假種皮。一般在中藥行買的肉豆蔻都是已去掉假
種皮的，中式菜餚多用在牛羊滷燉湯品的除腥提味，不若歐美地
區廣泛用於甜品乳酪及各種材料，在印尼甚或將其新鮮漿果糖漬
食用。

Spice

紅蔥油淋牛肉
Beef in Shallot Sauce

主要材料（*4 人份*）
沙朗牛排（約350公克）. . . . . 2 片

主要香料
紅蔥頭（去皮切細環片）. . . . . 5 瓣

爆香調味料
紅酒. 3大匙
洋蔥（去皮切細絲）. . . . . 半個
沙拉油. 3大匙
青蔥（洗淨切段）. 1 支
紅辣椒. . . . . 2 支
（洗淨後剖開成兩瓣，剔淨辣椒籽，再切段待用）
彩色甜椒（切粗條，攤放盤底）. . . . . 適量

調味料
鹽. . . . . 1 茶匙
黑胡椒粉（粗末）. 半茶匙
紅辣椒粉（粗末）. 1 茶匙
清水(125c.c.). . . . . 半杯
太白粉（以 1 大匙清水調和）. . . . . 半茶匙

做　法
1. 將紅酒、洋蔥絲、沙拉油 1 大匙混和後，塗抹於牛排肉上，再放進冰箱冷藏醃漬約20 分鐘。
2. 炒鍋內放入沙拉油 2 大匙，以中小火燒熱。將冰箱取出的牛排旁的洋蔥撥淨後，放入煎烤約 3 分鐘左右，在看見表面血水全部均勻冒出時即可翻面（翻面煎數秒後即為五分熟）。起鍋後切成寬長 2 公分的肉塊，排放在舖有彩色甜椒的盤中待用。
3. 用炒鍋內剩餘的沙拉油將紅蔥頭片以小火炸香，續下醃料中的洋蔥絲及切好的青蔥段、紅辣椒段以及除太白粉外的調味料；滾煮 3 分鐘後，加入太白粉水勾芡後熄火。最後起鍋將湯汁淋上盤中的牛排塊即可。

Shallot

香料輕輕說

　　印象中紅蔥頭（Shallot）總在些台灣小吃中出現，如米粉湯、碗粿、肉粽等。其實在歐美國家這項調味品的入菜是非常多元的，不論炒炸燉滷或魚鮮肉蔬，甚或在沙拉醬中也能運用上。有趣的是，古羅馬時代紅蔥頭也被列為春藥的名單之一，在中醫的療效上，紅蔥頭則以性味辛溫能通陽暖、中和胃為主。

Spice

Spice

和風拌肉片
Onion Dressing on Beef Slices

主要材料（*4*人份）

牛肉片（火鍋用的即可）.............300 公克

主要香料

洋蔥（去皮切細絲後，再切小丁）..........半個

爆香調味料

沙拉油..............................1大匙
嫩薑片（去皮切細末）...................2 片
紅辣椒（切小丁末）....................1 支
青蔥（洗淨切小丁末）..................1 支
淡味醬油............................4大匙
（若沒淡味醬油，則以等量的醬油與開水稀釋）
柴魚片（稍微擠壓成碎片）............1 小包
糖................................2 茶匙
香油..............................1 茶匙

做　　法

1. 炒鍋中放入沙拉油，爆香嫩薑、紅辣椒及青蔥，放入一大碗中，與洋蔥丁、醬油、柴魚及糖、香油拌勻。
2. 燒一鍋開水，滾沸時放入牛肉片，並立即熄火，見肉片已無血色時撈起，快速沖浸冰水。
3. 將肉片放進盤中，淋上醬汁，吃的時候再拌攪即可。

小技巧

　　此道菜餚亦可冷食，需注意的是：肉片在燙煮過程中不宜全熟，快速瀝水也很重要；此外選用的肉片，以不帶油脂的嫩里肌肉較佳。

Onion

香料輕輕說

　　洋蔥（Onion）原產於中亞一帶，有白、黃、紫三種顏色，雖在20世紀初才傳入中國；但現在卻在世界各地的烹飪中皆可見到。在歐洲中古世紀的草藥偏方中，洋蔥汁加蜂蜜有治療久咳頑痰的效果，在中國食療中，洋蔥湯亦可利尿消炎。

Spice

Spice

丁香燒小排
Smoked Pork Ribs with Clove

主要材料（*4 人份*）
小排骨.........................1斤
（整排燙過去血水，滷鍋較小可切兩片）

主要香料
丁香.........................1茶匙

燻香料
丁香.........................1茶匙
黑糖.........................1茶匙
烏龍茶葉.....................1茶匙
白米.........................1茶匙

爆香調味料
青蔥（洗淨切兩段）...........3支
蒜苗（洗淨切兩段）...........2支
生薑（洗淨後用刀背拍裂）.....2條
鹽...........................1茶匙
甘蔗頭.......................1節
醬油.........................2大匙
清水.........................4杯
香油.........................少許

做　法
1. 滷鍋中放入主要香料及調味料，大火滾沸後，再放進處理過的豬小排，並轉小火泡滷約1小時（若水量不足淹過小排，則可酌量再加半杯清水，或用比滷鍋直徑小的磁盤壓入滷鍋中的小排上），熄火後再泡20分鐘。
2. 用筷子戳刺小排骨肋間的肉，看是否達到熟軟而不爛的程度，再將小排撈出備用。
3. 拿個炒鍋，在鍋內中央位置鋪上一張白紙，並將燻香料混合放在白紙上。
4. 鍋內架上鐵網，把滷好的排骨放在網架上後，蓋好鍋蓋用小火燻烤約8分鐘即可熄火。
5. 出菜前，將燻烤好的小排置於菜排盤上，用原滷汁加幾滴香油淋在排骨上。

丁
香
燒
小
排

67

Spice

Clove
香料輕輕說

　　丁香（Clove）又稱「百里香」，在中醫藥籍裡分有雌雄兩種，雄丁香是丁香植物的花苞，一般烹飪或藥材上多半使用雄丁香；雌丁香則是丁香植物的果實，又名「雞舌香」，味道較雄丁香辛辣，多運用於肉類烹飪及西點蛋糕上。在民間偏方中，咀嚼丁香粒有治牙痛及消除口臭的作用。

五香醉肉
Porkmeat in Five-spices Paste

主要材料（*4人份*）
五花肉.........................300公克
（盡量挑肥瘦均勻的，切成1公分厚長條）

主要香料
五香粉........................半茶匙
嫩薑（洗淨切細絲）.....................3片
紹興酒........................3大匙

爆香調味料
糖...........................半茶匙
醬油膏........................4大匙
沙拉油........................1大匙
青蔥（洗淨切段）.......................2支
紅辣椒段（洗淨剖開成兩瓣，剔籽切斜片）....2個
花椒粒........................1茶匙
香油.........................1茶匙

做　　法
1. 把糖、醬油膏及主要香料置碗中混拌均匀，逐一塗抹在五花肉條上，再以兩片層疊的方式把抹好的肉條堆在盤中，用保鮮膜封好放進冰箱冷藏3小時（約1個半小時左右，上下翻面一次）。
2. 醃好的肉條逐一整齊平排在蒸盤中，剩餘的醃肉汁倒在肉上，再將蒸盤放進水燒熱的蒸鍋中，以小火蒸約8分鐘。
3. 蒸好的五花肉撥開醬汁，在砧板上用斜刀切薄片鋪入盤中，撒上蔥花、紅辣椒片；炒鍋加入沙拉油及香油，燒熱時立即熄火，放進花椒粒拌一下，把熱油淋在肉片上即完成。

Five Spice Powder

香料輕輕說

　　用來沾食的五香粉（Five Spice Powder），配方多以桂皮、小茴香、八角、丁香、甘草等基本香料調配；若是醃滷肉品的話，則又有另一種以砂仁、豆蔻、丁香、桂皮、八角的組合。事實上，很多廠商所販售的五香料，在家傳的經驗中累積出各家的獨到配方，基本材料已不單是五種香料而已，所以若說五香粉在中國是一種混合香料的代名詞也不為過吧！

草豆蔻燉羊肉

Lamp Soup with Brown Cardmon

主要材料（*4人份*）
帶皮羊肉（剁成4×3公分寬塊）..........1斤

主要香料
草豆蔻（整顆籽拆散後再量取）..........2茶匙
小茴香..........................半茶匙

爆香調味料
沙拉油..........................2茶匙
青蔥（洗淨切兩段）....................2支
嫩薑（洗淨用刀背拍壓，使其略微裂碎）....1小條
鹽............................半茶匙
清水............................3杯
嫩薑（切細絲）......................2片
紅辣椒............................1條
（洗淨後剖開成兩瓣，剔淨辣椒籽，切絲待用）
大蒜（去皮切片後切絲）..............3瓣

做　　法

1. 草豆蔻、小茴香裝入香料用的小布袋或鐵球綁緊。
2. 沙拉油1茶匙倒入炒鍋以中火燒熱，續下青蔥段、嫩薑條炒香，羊肉塊加入一起拌炒3分鐘，加水煮至滾沸。放入香料袋，轉小火蓋鍋慢煨40分鐘。
3. 用濾網過濾湯汁，只留羊肉及清湯在鍋內，加鹽調味，以大火收乾至約剩三成水份待用。
4. 另起一個炒鍋，以中火將1茶匙沙拉油燒熱，嫩薑絲、紅辣椒絲、大蒜絲放入爆香後，直接淋在羊肉上稍加裝飾即可上桌。

Brown Cardamon

香料輕輕說

小技巧

在傳統市場上可買到的土羊肉，沒有腥羶味，燉煮時間也較短，肉質吃來比較甜軟；但夏天較難買到。建議你至進口牛羊肉專賣店買法式羊小排或羔羊肋排來做此菜，若是使用進口羊肉時則需先將羊肉塊沖浸清水約半小時後，再用1小匙的嫩精（即嫩肉粉，又稱木瓜酵素）、少許米酒醃20分鐘，並用滾水燙一下。木瓜酵素可加快肉品軟爛的時間，若不嫌麻煩也可以用木瓜皮醃肉。

草豆蔻（Brown Cardamon）在中國大陸以廣東廣西一帶為主要栽植地，一般港式師傅在處理牛羊肉的除腥提味，或藥燉煲湯都用得上草豆蔻。其氣味清香，在中藥上具有溫脾入心肺二經特性，而草豆蔻在台灣，須到中藥行才買得到真品。有個關於草豆蔻的小偏方相當有趣，在以前，古董商會將草豆蔻果實內的顆粒種子掰散，和丁香桂枝（或沉香）混合作成香包，或直接撒在收購來的古董內外，據說有除穢驅邪淨穢的功能。

芥末五花肉卷
Friedmeat with American Mustard

主要材料（*4人份*）

豬肉薄片（里肌肉或火鍋肉片皆可）......300公克
豌豆苗.................................適量
（蘿蔔嬰、苜蓿芽皆可替換，食用前洗淨並瀝乾水份）

主要香料

黃芥末醬..............................3大匙

調味料

A ┌ 冰糖................................1大匙
  │ 蜂蜜................................1大匙
  │ 白醋................................1大匙
  └ 清水................................半杯
檸檬（洗淨切4瓣）......................1個
太白粉................................適量
沙拉油（250c.c.）......................1杯

做　法

1. 將A料調散，加入黃芥末醬，將3瓣檸檬
   角擠汁後，丟入醬中攪拌。
2. 豬肉薄片放入大碗中，倒入調好的黃芥末
   醬醃醬，輕輕抓拌均勻後，用保鮮膜封住
   碗口，放進冰箱冷藏約半個小時後，把醃
   好的肉片逐一用太白粉抓拍薄皮攤放在平
   盤上。
3. 炒鍋中放入沙拉油，以中小火燒熱，再將
   上了薄粉的醃肉片，一個個排放入鍋中煎
   炸至表面呈金黃色焦酥時，起鍋瀝油。
4. 每一片肉片上舖上適量的豌豆苗，捲好以
   牙籤固定後，逐一排入盤中並擠些檸檬汁
   淋在肉卷上即可。

American Mustard

香料輕輕說

　　一般做芥末醬的原料，有白、黑、褐三色芥末籽及東方芥籽
幾種，本道食譜所用的黃芥末醬（American Mustard）在美式食
品中多用於熱狗或漢堡上調味，味道較具溫和的酸香。歐美各國
的芥末醬，有加入各式香料的綜合調法變化，但在中國則多用來
搾油後加入涼拌菜調香，因其辛嗆的滋味，故有另一別名「辣菜
籽」。

紫蘇醬燒雞
Chicken in Perilla Plum Sauce

主要材料（*4 人份*）

大雞腿（約500公克，約剁5塊並去血水）......1隻

主要香料

新鮮紫蘇葉.........................6片
（洗淨，若無新鮮的紫蘇葉可到中藥店買乾燥的，約1錢，要另用香料袋裝著）

爆香調味料

沙拉油............................1大匙
青蔥（洗淨切段）.....................2支
大蒜片（洗淨去皮）...................4瓣
嫩薑片............................3片
大番茄（洗淨切塊）...................1個

	醬油	1大匙
	清水	2杯
A	米酒	半杯
	白胡椒粉	半茶匙
	番茄醬	3大匙

糖..............................2大匙
醃漬紫蘇梅子........................約4顆
（取瓶內湯汁 2 大匙一起放入碗中備用）
檸檬（洗淨切4瓣）....................1個
香菜、香油.........................少許

做　　法

1. 炒鍋中放入沙拉油燒熱，爆香蔥薑蒜，放入雞塊及番茄，以中火翻炒至雞肉皮色微焦黃時，加入 A 料。
2. 鍋中材料滾沸後，加入糖、紫蘇梅、汁及新鮮紫蘇葉，以小火蓋鍋燉煮40分鐘，掀開鍋蓋把檸檬瓣略捏擠一下丟入鍋中，拌煮 1 分鐘後撈出檸檬瓣，以免檸檬煮過久會有苦味。
3. 出菜時，用大湯杓把雞塊、梅子盛入盤中，淋些鍋中滷汁，再加少許的香菜、香油即可上桌享用。

小技巧

雞腿漂去血水：先用鍋子燒開熱水，將剁好的雞塊放進滾水中燙至表面不見血紅時，夾出放在清水中沖泡半個小時即可。

Perilla
香料輕輕說

紫蘇（Perilla）氣味辛香溫陽、益脾開胃可解魚蟹毒，在日本懷石料理中紫蘇的運用相當廣泛，如果家裡有盆鮮紫蘇，隨時用來泡茶或浸漬果莓，在褥夏時分是相當不錯的消暑聖品。一般的青草店或中藥行都能買到乾製紫蘇。

芝麻涼醬雞絲
Chicken Salad with Sesamiseed Paste

主要材料（*4 人份*）

雞胸肉...................................150公克
（以少許白胡椒粉、香油及 1/4 茶匙的鹽醃漬 15 分鐘後，在蒸籠中以小火蒸約 10 分鐘）

菠菜.....................................300公克
（切去根部洗淨，滾水中加入1 茶匙沙拉油，將菠菜快速汆燙後，沖泡涼水，略擠去水份備用）

主要香料

芝麻醬....................................3大匙
（小瓶裝中常有有油物分離的狀態，取用前先用筷子攪拌均勻再量匙取用）

爆香調味料

	鹽	1/4茶匙
	味精	1/4茶匙
A	糖	2茶匙
	醬油	2大匙
	黑醋	2茶匙
	溫開水	1 杯

青蔥（洗淨切細蔥花）...................2 支
大蒜（去皮磨泥）.......................5 瓣
香菜末（洗淨切細末）...................1 大匙
沙拉油..................................1 大匙
辣椒粉（粗末）.........................1 茶匙
花椒粒...................................半茶匙

做　　法

1. 將整把菠菜捏擠緊實些，在砧板上切成四等份長段，排放在盤中。蒸熟的醃漬雞胸肉用手撥成細絲，擺放在盤中的菠菜上備用。

2. 取一大碗，將芝麻醬及 A 料調拌均勻，加入細蔥花、大蒜泥、香菜末一起拌攪。

3. 炒鍋放入沙拉油燒熱後立即熄火，將辣椒粉及花椒粒倒入油中翻炒一下，再倒入已拌好的芝麻醬中；用筷子把醬汁攪拌均勻，淋在盤中的雞絲及菠菜上即可。

Sesame

香料輕輕說

　　芝麻（Sesame）別名「胡麻子」，和多數帶個「胡」字的植物（胡荽、胡瓜、胡椒等）一樣，約略是在漢晉年間傳入中國的。而做醬料的技法，據推測早在先秦時代即有豆醬麵了。衍遞至今，各地以各式材料醱釀的調味醬就有數百種之多，其中芝麻的性味甘平，具有補肝腎潤五臟的效用，除了是做菜良伴外，還是延年益壽的佳品。

小茴香醋高麗
Sour Cabbage with Fennel Seed Paste

主要材料（2 人份）

高麗菜...................................1棵
（對切兩半再逐葉拆下，每片大葉片用手撕約三等份的大塊後，再用大量清水沖洗乾淨瀝乾）

主要香料

小茴香..............................3大匙

爆香調味料

(1)　清水................................3 杯
　　　花椒.............................1 大匙
　　　鹽...............................1 大匙
　　　糖...............................1 茶匙
　　　白醋.............................1 杯
(2)　青蔥（洗淨切細蔥花）.............1 支
　　　紅辣椒（洗淨切細環片）...........1 支
　　　味精..........................1/4茶匙
　　　沙拉油...........................1茶匙
　　　香油.............................1茶匙
　　　花椒粒.......................1/4茶匙

做　法

1. 找個較深的湯鍋，放入清水及小茴香、花椒滾煮15分鐘後，放進鹽、糖溶解，再度滾沸時加入白醋攪拌一下即熄火。
2. 放入高麗菜葉浸泡，用大湯杓盡量壓浸葉片，讓所有葉片都能接觸到香料水，等到整鍋浸泡物完全放涼後，倒入容器移入冰箱冷藏4個小時後即可食用。冷藏過程中，要多翻拌幾次，以利浸泡均勻。
3. 另一種吃法：取冰箱中冷藏的醋高麗十幾塊，用冷開水略微沖刷，擺在盤中鋪撒上細蔥花、紅辣椒片、味精等。用炒鍋將沙拉油、香油燒熱後熄火，放入花椒粒拌香，趁著油鍋的高溫，盡快淋潑在排盤好的醋高麗上。

Fennel Seed

香料輕輕說

茴香家族的龐大，經常讓人在諸多中英文譯名或別名中一頭霧水，而小茴香（Fennel Seed）有近似八角的辛香且微帶樟腦味。在中式菜餚中的運用經常與八角像是兄弟檔般出現，這是香料很具宿命性及趣味的地方；如果透過一些前人的經驗配方來理解，你就會發現有些香料與特定的香料，在一定的配比下會產生襯香效果，也就是會令主味更加突出，卻多了份醇厚。

乾辣椒醋爆洋芋
Fried Spicy Potato Slices

主要材料（*4人份*）

馬鈴薯.................................2個

（削皮，切成0.5 ×0.3 ×4公分細條）

主要香料

辣椒乾（切對半）.......................4條

爆香調味料

沙拉油.............................1 大匙
香油..............................1 茶匙
花椒粒.............................1 茶匙
青蔥（洗淨切段）.......................2 支
大蒜（去皮切薄片）.....................5 瓣
紅辣椒段（洗淨後斜刀切片）...............2個
鹽...............................半小匙
味精............................1/4小匙
醋汁(2 茶匙白醋 + 1 茶匙黑醋混合)......3 茶匙
米酒..............................1 茶匙

做　　法

1. 將馬鈴薯細條在水中反覆漂洗4次，浸泡
   於清水中待用。
2. 炒鍋中放入沙拉油、香油以中火燒熱，放
   入辣椒乾段、花椒粒攪拌，見微焦黃即放
   下蔥、蒜、辣椒爆香。
3. 爐火轉大，快速地將泡水的馬鈴薯細條撈
   起，略甩水份放入炒鍋中加入鹽、味精、
   醋汁、米酒，繼續翻炒約2分鐘，即可起
   鍋上菜。

Chili

香料輕輕說

　　原產地在中南美洲及印度的辣椒（Chili），目前在世界各
地後已有200多種的品種。在台灣，我們較熟悉的有長條形紅綠
辣椒、泰國辣椒及朝天椒，而辣椒乾多是用長條形的紅辣椒來製
作的，新鮮紅辣椒辛辣淡香，而經自然風乾後，用來爆炒菜餚則
又多了份甘醇。目前市面上買得到的多是快速脫水烘乾，相較之
下，總覺得自家做的辣椒乾，在氣味上多了個陽光的鮮香。

韭菜醬蕈菇

Mushroom in China Chivecream

主要材料（*4人份*）

白蘑菇.............................半斤
（逐個沖洗乾淨，形狀較大的切半，燙煮2分鐘後撈出，瀝水）
韭菜.............................1小把
（約150公克，洗淨切掉根部較老部分，再切成1公分寬小丁）

主要香料

韭菜醬.............................2大匙
（小瓶裝中常有油物分離的狀態，取用前先用筷子在瓶內攪拌均勻）

爆香調味料

沙拉油.............................1大匙
香油.............................1大匙
青蔥（洗淨切段）.......................2支
大蒜（去皮切片）.......................5瓣
紅辣椒.............................2支
（洗淨後剖開成兩瓣，剔淨辣椒籽，再切絲待用）
白胡椒粉.............................1/4茶匙
清水.............................半杯

做　法

1. 沙拉油、香油在炒鍋中以中火燒熱，放入蔥、蒜、辣椒絲爆香，韭菜醬、白胡椒粉及白蘑菇也一起下鍋拌炒，約3分鐘後加水，同時把爐火轉小，蓋好鍋蓋燜8分鐘左右。
2. 在掀鍋蓋後轉中火，放入韭菜丁繼續拌炒至鍋中水份收乾約剩兩成，即可起鍋。
3. 盛盤前，家裡如果有現成的雞油，亦可加個1/4茶匙的雞油及少許香菜，在鍋內拌一下後出菜。

China Chive

香料輕輕說

　　韭菜（China Chive）在中國最早的記載始見於《山海經》、《詩經》，就藥性的論點上，屬辛溫芳香，依據清汪昂的《本草備要》記載：韭菜可行氣解毒。而很多民間偏方中，韭菜有「綠色壯陽藥」的美譽，烹飪上則廣泛運用於涼燙快炒或做醬調味。

香拌五穀飯
Spices in Rice

主要材料 （*4 人份*）

五穀米..1杯
清水..1杯半
花生仁.....................................150公克
紅蘿蔔（洗淨切1公分見方小丁）........小1條
小黃瓜......................................2 條
（洗淨切1公分見方小丁，以1/2 茶匙鹽略抓醃10分
鐘，冷開水沖洗後擰去水份）

主要香料

八角..1大匙
桂皮..1茶匙
小茴香.....................................1茶匙

爆香調味料

鹽..半大匙
沙拉油....................................1大匙
香油..1茶匙
清水..4 杯
白胡椒粉、香菜、紅辣椒絲............少許

做　　法

1. 五穀米用1杯半清水浸泡20鐘後，放入電
   鍋煮。所有香料略為沖洗後裝入香料用的
   小布袋或小球。
2. 倒4杯水入鍋內煮，並放進香料包，等水
   滾沸時轉中小火煮約5分鐘，再放入花生
   仁及鹽，約20分鐘後再加入紅蘿蔔丁、
   沙拉油、香油等一起滷，再度滾沸時即可
   熄火待涼。
3. 將放涼並瀝乾水分的水滷花生加入小黃瓜
   丁混合，再加入五穀米飯均勻混拌，出菜
   前點兩滴香油、些許白胡椒粉及香菜、紅
   辣椒絲裝飾即可。

Star Anise

香料輕輕說

　　八角（Star Anise）是大家非常熟悉且家常的一味香料，也是調製五香粉的主料，原產地為中國兩廣、雲貴、台灣、越南等地。在中國烹調配上的，大概是所有香料中最被廣泛使用的了：香氣濃郁、味道甘甜，多用於肉類除腥羶或混合香料上的提香作用。另外，八角在中醫藥材的運用亦廣，因其藥性溫陽，故以散寒理氣除濕為主。

Spice

胡椒羊肉湯
Peppers Lamb Soup

主要材料（4人份）

羊肉（剁成 4 × 3 公分寬塊）...............1 斤

主要香料

四色胡椒粒...........................少許
（白胡椒粒半茶匙、紅胡椒粒 1/4 茶匙、綠胡椒粒 1 茶匙、黑胡椒粒半茶匙）

爆香調味料

沙拉油...............................1 茶匙
青蔥（洗淨切兩段）.....................2 支
大蒜（洗淨去皮）.......................8 瓣
嫩薑小（洗淨用刀背拍壓，使其略微裂碎）....1 條
洋蔥（切 2 × 3 公分大塊）..............小半個
鹽.................................半茶匙
清水(約1500c.c.).....................6 杯
香菜、香油...........................少許

做　　法

1. 沙拉油放入炒鍋中用中火燒熱，放入蔥薑蒜炒香，再放入羊肉塊拌炒 3 分鐘，加入清水，滾沸時轉小火蓋鍋慢煮 30 分鐘。
2. 用濾網過濾羊肉湯，只留羊肉及清湯在鍋內，放進裝有四色胡椒粒的香料袋及洋蔥塊、鹽，以小火燉煮15分鐘後，將香料袋用湯匙擠壓出味後撈去不用。
3. 上菜前，把熟軟的羊肉、洋蔥塊及湯汁盛進碗裡，加少許香菜、香油，幾顆四色胡椒粒即完成。

Pepper

香料輕輕說

　　胡椒（Pepper）和花椒在外型上是極為相似，但兩種植物卻是截然不同的科屬。胡椒雖有紅白青黑四種顏色，但實為同一植物的果實，依成熟度及焙製程序的不同，而有顏色和氣味的差別。一般來說，黑胡椒的辣香較其他來的厚濃，白胡椒則淡些，紅胡椒偏於鮮香的辛辣微甜，青胡椒在四者中就像是淡雅清麗的少女了，因此很適合海鮮蔬菜或清淡的沙拉醬使用。

大蒜蔬菜雞湯
Garlic Vegetable Soup

主要材料（*4 人份*）

雞架骨.....................................2付
（以刀背敲斷雞架骨，沖洗血水後，滾水氽燙備用）
新鮮蘆筍.............................300公克
（洗淨後，削去根部較粗纖外皮，切成4公分長段）
草菇罐頭...................................1罐

主要香料

大蒜（洗淨去皮）...................100公克

爆香調味料

清水（約1500c.c.）.........................6杯
嫩薑（洗淨切薄片）.........................1條
洋蔥（洗淨切粗絲）.........................半個
鹽.......................................半茶匙
香菜、香油...............................少許

做　法

1. 湯鍋中放入清水滾沸後，加入處理好的雞架骨及大蒜、嫩薑片、洋蔥絲，以小火蓋鍋燉煮40分鐘，掀蓋時將爐火轉大，用湯杓撈掉湯面浮末及油渣後熄火。
2. 雞湯用濾網過濾只留清湯在鍋內，放進蘆筍及草菇繼續以小火燉煮8分鐘後，加入鹽調味一下即可熄火。
3. 上菜前加上少許香菜、香油即完成。

小技巧

　　去除草菇罐頭的腥味：將罐內的草菇以水沖洗，先用小刀在每個草菇上劃切一刀，再拿2-3片薑片和草菇一起在水中浸泡約20分鐘左右。

Garlic

香料輕輕說

　　充滿了神話色彩的大蒜（Garlic），自古以來即被用於驅魔和預防傳染病的調味聖品，傳說掛上一屋子的大蒜，除了做菜方便外，可嚇跑吸血鬼等怪物。大蒜在中國及法國都備受歡迎，而加州Gilroy市每年7月最後一周有所謂的大蒜節。

Spice
點心‧小品篇

初春的清晨　有著玫瑰花茶的馨香
陽光燦爛的午後
有卡布其諾的肉桂甜膩味兒
雨絲賢飛的深夜
星子談說著　迷迭香的寂諮…
我想著　氣味的圖冀
是情緒，是生活…
是生命裡　不可或缺的點心小品！

香花雞肉包子
Rose in Chicken Stuffing

主要材料（*4* 人份）

雞胸肉.............................1 片
（約 100 公克，連肉及皮剁成碎泥狀，以 1/4 茶匙鹽及少許白胡椒粉、沙拉油攪拌均勻）

綠竹筍（切碎末）.....................1 個

火腿肉（切細末）.....................2 片

腐衣..............................6 張
（豆腐皮，每張切 3 等份，用濕布稍微沾濕）

主要香料

紅玫瑰花...........................4 朵
（花瓣逐個拆下用清水漂洗後，取一大碗加入 1 大匙鹽巴浸泡花瓣 10～20 分鐘。使用前拭乾水份，挑 6 片切碎末備用）

爆香調味料

太白粉.............................1大匙

香菜..............................1小把
（約12支，挑葉梗較粗的，洗淨，摘掉葉子及旁枝，留下粗梗綁紮用）

沙拉油.............................1大匙

薑片..............................2片

白胡椒粉...........................少許

高湯..............................半杯

鹽...............................1/4茶匙

做　　法

1. 雞胸肉茸中加入綠竹筍碎末、玫瑰花碎末、火腿末及太白粉，攪拌均勻後把肉餡搓成球狀，反覆在碗中摔打 5 次後，放入冰箱冷凍 20 分鐘。

2. 將冷凍的雞肉餡用小湯匙挖出填塞進腐衣，把腐衣的邊角朝中心收捏成小袋狀，再用挑出的香菜梗當作繩索般綑綁袋口。擺在烤盤上，放進烤箱以 250℃烤 8 分鐘。

3. 炒鍋內放入一大匙沙拉油爆香薑片後放入白胡椒粉、高湯、鹽，滾沸後將烤過的香花包子一個個排放在鍋底，以小火慢煮 3 分鐘即可盛盤。

小技巧

　上菜時亦可用剩餘的花瓣鋪在香花雞肉包子下，淋些鍋中的湯汁在盤中，更可增加菜餚的視覺美觀及香氣。

Rose Flower

香料輕輕說

　可用來作食材香料的花卉有：夜來香、茉莉花、玫瑰花、野薑花、百合、桂花、菊花、曇花、藏紅花等。而香花入饌在中國的肇衍應始自於食療之端。本道菜所使用的玫瑰花（Rose）又名「徘徊花」，不僅自漢唐以來就有文章讚頌它外，相當多的醫籍中也提及它的功效：柔肝、醒胃、理氣、活血，可寬胸散鬱。

Spice

肉桂奶香餃
Cinnamon Sandwishes

主要材料（*4* 人份）

全麥吐司.............................5 片
（一般白吐司也可，須切掉吐司邊）
紅心地瓜.............................1 大條
（約 200 公克，洗淨外皮，直刀剖成兩半蒸熟）

主要香料

肉桂粉...............................半茶匙

爆香調味料

嫩薑.................................2 片
（切成極細的丁末，再用 1 茶匙的沙拉油炒拌出香）
黑糖.................................半茶匙
（先在碗中把結塊的部份壓研成細粉）
麵粉.................................2 茶匙
清水.................................1 大匙
蛋黃（打成蛋汁）.....................1 個

做　　法

1. 將蒸熟爛的地瓜用湯匙挖進大碗內，撒入
   肉桂粉、爆香過的嫩薑末及黑糖，用力的
   拌和均勻。
2. 擦拭乾淨的砧板上，逐一排上吐司片，用
   湯匙挖肉桂地瓜餡在吐司片上，稍微壓整
   一下；再將麵粉與清水調和的麵糊，少許
   的沾黏在吐司片四邊後，把吐司對摺成三
   角形壓緊封邊即可。
3. 完成後的三角形吐司餃，用刷子將蛋汁薄
   薄輕刷在單一面上，放進烤箱中如一般烤
   吐司的時間及溫度即可。
4. 點心趁熱吃的風味最佳，喜歡肉桂味者，
   可在烤好時再撒些肉桂粉於吐司餃上。

Cinnamon

香料輕輕說

　　原產於斯里蘭卡的肉桂（Cinnamon）雖和中國肉桂（China Cassia）皆取自月桂樹的樹皮，但不同科屬的植物在氣味上是有很大的差距；相較之下，肉桂的味道辛辣中帶細膩的甜香，多被運用於甜食或茶飲咖啡用。如果對它還是不甚理解的話，去咖啡廳喝杯卡布其諾，大概就能體會它的細緻香氣一如斯里蘭卡的旖旎風光了。

三味奶油
Spices Butter

①味

材料
奶油（約230公克）.......1條
蝦夷蔥...............1茶匙
鹽..................半茶匙
青蔥（洗淨切細）.......2支
大蒜粉.............1/4茶匙

作法
1. 奶油條放在室溫中20分鐘左右，待軟化後放入大碗中以大湯匙攪散。
2. 加入蝦夷蔥、鹽、蔥末及大蒜粉，大蒜粉用手指抓住再慢慢撒入鍋中會比較容易散勻，用湯匙攪拌至鹽溶解。將奶油倒入預備好的容器或模型中，放進冰箱冷藏保存即可。

②味

材料
奶油（約230公克）.......1條
大蒜（去皮刨細末）.......5瓣
四色胡椒粒..........1茶匙
（黑紅白綠各1/4茶匙，混合後磨粗粉）
鹽..................半茶匙

作法
1. 奶油條放在室溫中20分鐘左右，待軟化後放入大碗中以大湯匙攪散。
2. 加入大蒜末及鹽，用湯匙攪拌至鹽溶解，撒入胡椒粗末攪拌一下，將奶油倒入預備好的容器或模中，放進冰箱冷藏。

③味

材料
奶油（約230公克）.......1條
巴西里...............1茶匙
（洗淨摘掉粗梗，切細末後量匙取用）
奧力岡...............半茶匙
紅辣椒粉...........1/4茶匙
匈牙利紅辣椒粉......半茶匙
鹽..................半茶匙

作法
1. 奶油條放在室溫中20分鐘左右，待軟化後放入大碗中以大湯匙攪散。
2. 撒入鹽、奧力岡、紅辣椒粉、匈牙利紅辣椒粉攪拌至鹽溶解，將奶油倒入預備好的模型中，放進冰箱冷藏即可。

Spices Butter

Spice

香料輕輕說
　　這道菜運用的香料都是較普遍的，在地中海一帶，甚至連醃漬蔬菜也是做此類塗抹醬的材料之一：像是用陽光自然烘乾的番茄乾或醃黃瓜，切碎後加些香料拌入，就又是一道私家秘方了！關於奶油材料方面，也可以嘗試用各式香料及不同的乳酪或果醬來替換，這一類的香料奶油以兩個星期以內食用為佳。

烹菊花三味茶
Camomile with Herbs Tea

Camomile
香料輕輕說

中國三千多年保健醫學的體驗:「藥好不代表就能病除或強身」,烹煮程序及水質也是關鍵及學問。《雷公藥物炮製》、《陸羽茶經》等古籍中都曾討論到此一原理。一般而言,運用於茶飲香料中的植物,多具強烈的揮發性物質;故宜先以武火(大火)滾沸,再以文火(小火)慢烹是較恰當的通則。另外在中藥裡很多香料性植物多忌鐵器,建議盡量用玻璃壺或陶壺沖煮茶湯較理想。

菊花(Camomile)因有各種顏色而有不同的藥用,依據《本草綱目》記載,黃菊花入陰主清火生津,白菊花入陽可平肝去風,紫色則入血滋補潤容。就台灣四季多濕熱的海島氣候來說,以黃白菊花在保健上的使用較多。

 味

材料

清水(約600c.c.左右)	2杯半
蘇金菊	1大匙
杭白菊	1大匙
甘草片	3片
薰衣草	1茶匙

(須用香料袋另裝,或茶煮好後用較細密的濾網過濾)

冰糖	酌量

作法

1. 壺中放入水以大火滾沸,轉小火加入蘇金菊、杭白菊、甘草片、薰衣草,以長湯匙攪拌一下,蓋好壺蓋小火煮10分鐘即可。
2. 在壺中撈朵菊花,甘草片放在杯中,再把茶汁倒入杯中即可。

 味

材料

清水(約600c.c.左右)	2杯半
蘇金菊	1大匙
杭白菊	1大匙
甘草片	3片
迷迭香	1茶匙

(須用香料袋另裝,或茶煮好後用較細密的濾網過濾)

作法(同上)

❸ 味

材料

清水(約600c.c.左右)	2杯半
蘇金菊	1大匙
杭白菊	1大匙
甘草片	3片
山艾	1茶匙

(須用香料袋另裝,或茶煮好後用較細密的濾網過濾)

作法(同上)

雙色果凍
Herbs in Jelly

材料

檸檬(搾汁)............................1 個
柳橙(搾汁)............................2 個
吉利丁............................2/3大匙
清水............................300c.c.
砂糖............................3大匙

香料

新鮮麝香草及迷迭香..................1小株
(洗淨，摘去枯葉，各取一小株放入玻璃杯中)

作法

1. 清水煮沸加入砂糖攪溶後，熄火撒入吉利
   丁，快速的攪散後用濾網過濾，再分作
   兩份各自加入檸檬汁及柳橙汁。
2. 將調味好的雙味果凍汁分別倒入預先放入
   鮮香料的杯中，放入冰箱冷藏約 20 分鐘
   即可食用。

小技巧

　　做這道甜品須特別注意，每一個步驟的動作要快些，另外果
凍漿在最後調味好時會比較多些，可以把多餘的用杯子作雙色果
凍也很漂亮。至於水果也可考慮以番茄、葡萄柚或哈蜜瓜替代。
除口味變化外，這幾類水果都很適合做成天然容器及模型，你可
以把果凍漿灌入定型後再切片，也是很好的創意菜色。

香料輕輕說

　　乾燥的香料雖易於保存及購買，但新鮮香料的優點是較為
鮮香，而且可以整株放入果凍中，讓鮮香料的馨氣慢慢沁入，外
觀上也是很有特色的。
　　迷迭香及麝香草都很適合微酸微甜的口味，但以麝香草搭
配檸檬口味，以迷迭香搭配柳橙口味較佳。

香料玫瑰紅酒
Spice Red Wine

主要材料
玫瑰紅酒..........................1瓶

主要香料
檸檬....................................半個
（削皮後和所有香料一同放進香料袋中，果肉部分留待
調酒用）
肉豆蔻（壓碎）........................半茶匙
白胡椒粒（壓碎）......................1茶匙
肉桂皮（壓碎）........................1茶匙

作法
1. 玫瑰紅酒整瓶倒入大碗中，將裝好檸檬皮
   及香料的香料袋放進碗裡，以大湯杓用力
   戳壓酒中的香料袋數下，拿一個乾淨不沾
   水且直徑比碗小的瓷盤，目的是把放進碗
   裡的香料袋充分壓浸在酒中，用保鮮膜緊
   實的封住碗口，放進冰箱冷藏8小時。
2. 將浸泡出味的玫瑰紅酒，撈去香料袋後再
   裝回原來的瓶中。若一次喝不完可放在冰
   箱中冷藏保存。

香料輕輕說

　　歐洲中古世紀時，修道院的修士就善於利用葡萄酒浸漬香
草植物來治療疾病，到了海權時代，冒險家帶回大量的亞熱帶香
料品種，豐富了香料酒的口味。而今歐洲許多百年老酒廠還擁有
獨特秘方的香料酒配方，鄉間小食肆裡也都可以品嚐到私家調配
的香料酒；運用在飯後的過口或加入咖啡、茶飲中，甚至當成淋
醬加在糕點上，都是風味迷人的享受。本道食譜在口感香氣上較
偏辣香嗆口，不喜歡重口味者，可以同樣份量的丁香、綠豆蔻取
代肉豆蔻、白胡椒，讓氣味較綿細甜軟。

小技巧

　　香料玫瑰紅酒可有多種變化來飲用，放點冰塊後加片檸檬
角，混合一般汽水或薑汁汽水的調法風味甜清爽；也可加入少
許紅石榴汁、鮮奶、冰塊用果汁機攪打成雪泥冰品。最簡單的就
是加碎冰直接飲用了。

香料高粱甜酒

Spice Kao Leng Liqueur

材料

高粱酒...................................1瓶
柳橙皮..................................半個
（削下橙皮，和全部香料一同放進香料袋中）
糖................................120公克

香料

大茴香.................................1茶匙
薑黃根粉.............................1/4茶匙
丁香...................................2茶匙
肉桂（壓碎）.........................1茶匙
八角...................................4個

作法

1. 高粱酒整瓶倒入大碗中，將裝好橙皮及香料的香料袋和糖放進碗裡，以大湯杓用力戳壓酒中的香料袋，並用湯匙把糖份攪拌溶解。拿一個乾淨不沾水、且直徑比碗小的瓷盤，放進大碗裡把香料袋壓住使其充分浸在酒中，用保鮮膜緊實的封住碗口，放進冰箱冷藏8小時。

2. 將浸泡出味的高梁酒香料袋撈去，再裝回原來的瓶中。若一次喝不完可放在冰箱中冷藏保存。

香料輕輕說

在中國以穀糧為原料，釀製蒸餾出高濃度的酒精（約40℃以上），多稱為燒酒或白酒、醇酒；常被採用於浸製果露酒、藥酒的基底浸液。主要是因其經過蒸餾粹取出的酒精度高、含水量少，不易有陳浸過程變質的問題。本道作法以複合式的香料配方做浸漬物，以茴香類的八角、大茴香為主味，用丁香、肉桂等來緩柔並增進甜香之氣。當然，你也可以依著自己所好之單種香料浸漬入酒，只是味道上會比複合式香味少了點嗅覺與味蕾之間的享受空間。

小技巧

飲用此香料酒可有多種變化，例如放點冰塊後加片檸檬角，或加些柳橙汁混合一般汽水，這些調法風味相當香甜清爽；而加入咖啡或茶中，則又另有一番風味。

Spice

關於香料‧你可以知道更多

其實堆積木並不難，但是3歲的你

可曾氣得一把推倒？

其實玩1,000片拼圖並不難，

但是小學生的你

可曾在徹夜通宵後失去樂情？

而作菜難不難呢？

老人家說知道吃，就會知道批評

會知道好不好吃，當然就會作菜囉！

所以呢，翻完了這本書

你，也是香料烹飪好手！

我的香料市場
—香料哪裡買

各地中藥行

是購買中國常用香料最好的小賣店，可以購買到中國肉桂、桂枝、桂子、八角、花椒丁、小茴香、肉豆蔻、草豆蔻、白豆蔻等。你可以每次每種香料只買個幾錢，除可確保香料的鮮香度外，還不用因為買得太少而怕老闆生氣呢！

迪化街

在歸綏街到永昌街的這一段，有很多中藥材及南北貨雜糧店舖，他們除了各自專營的項目之外，大多兼賣各地進口的乾燥香花香料。靠近歸綏街口有幾家香料店，除了進口乾燥香料外，還有很多食物添加劑的商品；雖然多為大包裝，可是挑個較清閒的時間，向老闆討教討教，你會發現他對烹飪食材的了解及運用，並不輸給飯店專業主廚。

南門市場

一樓有販賣中國大江南北各式醬料香料乾燥品的雜貨店，地下室進門左手邊第一家肉攤，所賣的本土牛羊肉在南門市場很具知名度。再往下一公尺不到，另一邊則有兩處蔬菜攤，專賣各種少見的野蔬及一些新鮮香料。

◎地址：台北市羅斯福路一段8號

各地超市

以全台灣省地區來講，像頂好、惠陽、松青、裕毛屋等超市，和家樂福、萬客隆等大賣場，甚至各大百貨公司的附屬超市多半有販售香料的專櫃。有的是由香料食品行設櫃，或由賣場自行進貨上架。優點是購買的地點便利，但通常賣場內上架的香料商品，都會以區域性

的銷售量多寡來決定進貨類別，比方說天母等外國人較多的區域，所陳售的香料就比較齊全。所以，如果想要嘗試做些特殊的菜餚時，就非得到專賣店才能買得齊材料了！

香料用具及換算度量

◎研磨器◎

搗藥砵、小研砵、磨豆機、搓板、胡椒粒研罐。

◎度量器對照◎

1錢 = 3.75公克　1兩 = 37.5公克　1台斤(市斤) = 600公克(16兩)

1公斤 = 1000公克　1大匙 = 15公克　1茶匙 = 7.5公克　1杯 = 250cc(約16大匙)

專賣店（香料及各類食材）

公司名稱	地址	電話
富利得利食品公司	台北市克強路 17 號	(02) 2831-2741
濟生(股)有限公司	台北市安西街 116 號	(02) 2553-3107
福利麵包食品行	台北市仁愛路四段 26 號 台北市中山北路三段 23-5 號	(02) 2702-1175 (02) 2594-6923
遠東國際公司	台北市汀州路二段 201 巷 3 號 2F	(02) 2365-0633
簪香食品公司	台北市臥龍街 264 巷 1 號	(02) 2377-6088
蘿美國際(股)公司	台北市渭水路 50 號	(02) 2751-1241
禾廣有限公司	台北市延吉街 131 巷 12 號	(02) 2741-6625
紅廚義式食品行	台北市安和路一段 7 號	(02) 2776-5216
新新行食品行	台北市安和路一段 67 號 台北市中山北路六段 756 號	(02) 2707-4499 (02) 2873-2444
蓬萊食品行	台北市復興南路二段 47 號	(02) 2325-9965
意羅歐式食品行	台北市北安路一段 630 巷 19 號	(02) 2532-5801
美洲食品公司	台北市民族東路 2 號之 1	(02) 2596-8049
農安食品行	台北市雙城街 18 巷 18 號 1 樓	(02) 2596-5221
華瑞食品行	台北市中山北路六段 421 號	(02) 2873-9769
亞舍食品	台北市天母忠誠路二段 170 號	(02) 2873-3433
法樂琪食品公司	台北市天母忠誠路二段 178 巷 15 號	(02) 2874-7183
歐芙食品公司	台北市士林區至誠路二段 82 號	(02) 2833-5913
宏茂食品公司	台北市中山北路六段 472 號	(02) 2871-4464
喜恩食品行	台北市天母西路 48 號 台北市敦化南路一段 243 號誠品 G 樓	(02) 2871-6357 (02) 2775-5977
圖拉德餐坊	台北市忠誠路四段 26 號誠品 B1	(02) 2873-0966*002
益和商行	台北市中山北路七段 39 號	(02) 2871-4828
寶翠企業有限公司	台北市內湖區港華街 3 號 2 樓	(02) 2978-6340
迦南農場	台北市陽明山	(02) 2861-2048
海森食品公司	台北市民生東路三段 130 巷 18 弄 9 號 台北市興安街 214 號	(02) 2546-5707 (02) 2712-6470
駱興食品公司	台北市忠孝東路五段 137 號 2 樓	(02) 2756-7992 (印度香料食品)
佛統企業(股)公司	北縣中和市興南路 2 段 34 巷 9 號	(02) 2942-7052 (泰國香料食品)
Gp.(股)公司	台北市農安街 1 巷 2 號	(02) 2633-8811 (印尼香料食品)
馬可蘭多食品公司	新竹市中央路 317 號 苗栗縣竹南鎮博愛街 207-1 號	(03) 533-0251 (037) 466-745
Satay House	桃園市延平路 39 號	(03) 367-3874
寶國食品公司	台中市西屯區中工一路 70 號 7 樓之 2	(04) 359-8967
亞植食品公司	高雄縣大樹鄉井腳村 108 號 高雄建台大丸百貨(地下超市) 高雄好市多大賣場(中華五路)	(07) 652-2305 高雄大同百貨(地下超市) (07) 338-1833
蘿拉食品行	高雄市新興區五福二段 57 號	(07) 272-9787

香料的保存

　　要好好的保存香料，首先得了解香料的本質：芳香性物質，多是由揮發性很強的酚酮類所構成，所以不論乾鮮香料皆不宜陽光直曬。

　　在新鮮香料的使用上，建議你每次做菜時只取適量，其餘的用透氣的保鮮袋包好，再用報紙外裏放入冰箱冷藏。千萬不要把新鮮香料直接放入冰箱；這會使鮮香料的葉片在1天半內，因為水份的喪失而乾萎，不僅氣味散失，還會吸收很多冰箱裡的雜味（當然，反言之鮮香料也是極佳的除臭劑）。

　　烹飪時，如果還不需要用到新鮮香料，可將洗淨的鮮香料暫泡在水盆裡，以避免空氣中對流風的吹刮，讓葉片乾枯失去美觀及芳香（也可以以這種方法處理沙拉裡的生菜）。

鮮香料的保存

1.乾燥法

　　（1）懸掛風乾法：例如在廚房找個通風的地方，用倒懸掛的方式風乾（不要曬到太陽），要用的時候直接剪取入菜即可。

　　（2）平鋪法：以網架攤放在通風處風乾，很適合用來製作耶誕節的花環或裝飾用的香料束。香料葉片不會在風乾過程中，因水份的喪失而緊縮。

　　（3）乾燥劑：這種方法類似壓花工藝花材的處理。找一個箱子，在底層鋪放乾燥劑及網架，再把鮮香料放在網架上，密閉兩天左右即可。

2.醬漬法

　　先以紙巾將香料的水份拭乾，放入密閉的容器裡，再倒進鹽、醬油、醋、糖漿、蜂蜜、奶油、橄欖油，或各種植物油、辣椒醬、沙拉醬、果醬等醬漬溶解物。此種方法乾鮮香料都適合，但若是以鮮香料醬漬，建議還是裝瓶後放入冰箱保存。

3.結成冰塊

　　將香料的葉片摘下、切片，放入製冰格中結成小塊冰，可當作一般冰塊使用：以迷迭香、薄荷葉、紫蘇葉、花瓣、麝香草等鮮香料製成的香料冰塊加入冷飲調酒中，除增美麗巧思外，更添飲料風味。而入菜餚的鮮香料，在烹調時直接將冰塊放入即可。

乾燥香料的保存

1.遠離潮溼

不要放在潮濕的地方，那很容易讓罐中的香料發霉敗壞。

2.玻璃瓶罐

要以玻璃瓶或陶瓷罐保存，盡量不要以鐵器物、紙袋、紙盒或塑膠製品儲存香料，因為香料的揮發油容易和鐵製品產生化學變化，而紙製品則易吸潮，塑膠品則容易因揮發油的滲透，讓塑膠變軟或釋放出塑膠味。

3.乾燥劑

在瓶內加放包乾燥劑，也是延長乾香料使用壽命的小技巧。

4.冰箱

冰箱也是絕佳的冷藏處，建議你用個密封式收納盒，把香料瓶罐收在一起放進冰箱中。

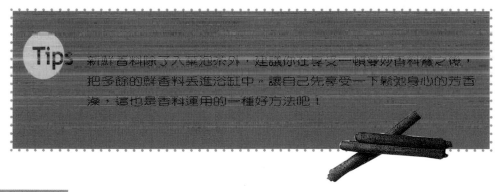

Tips 新鮮香料除了入菜泡茶外，建議你在享受一頓香料餐之後，把多餘的鮮香料丟進浴缸中，讓自己先享受一下影弛身心的芳香浴，這也是香料運用的一種好方法吧！

◎參考書目◎

《本草綱目》　李時珍著/明朝
《本草備要》　汪昂著/清朝
《中藥大辭典》　上海科技出版社編委會著/1997
《中國烹飪百科全書》　中國大百科全書出版社編委會著/1992
《中醫補益大成》　瞿岳云著/湖南科技出版社/1992
《藥草聖典》　Earl Mindell 著（中文譯本：賴翠玲/笛藤出版社/1996）
《The Complete Book of Spices》　Jill Norman（中文譯本：張德/品度圖書出版/1999）
《The Chef's Companion & A Concise Dictionary of Culinary Terms》　Elizabeth Riely著（中文譯本：張德/品度圖書出版/1998）
《The Classic Barbecue and Grill Cookbook》　Marlena Spieler著/Dorling Kindersley/1996
《Over The Top and On The Side》　Silvana Franco & Shirley Gill著/Lorenz Books/1997
《Feasting On Herbs》　Sue Lawrence著/Kyle Cathie Limited/1995
《Hamlyn New Cookery (Barbecues)》　Annie Nichols著/Reed International Books Limited/1995
《Cook's Ingredients》　Arian Bailey著/Dorling Kindersley（中文譯本：陳素貞/貓頭鷹出版社/1999）
《Salads》　Maryanne Blacker編/The Australian Women's Weekly Home Library/1992

香料圖鑑

月桂葉
Bay Leave

　　和迷迭香、麝香草一樣，對食材都具有去腥防腐作用，故而在西式烹調中，常用以製作肉醬、醃漬物，或燉菜的添加香料。由於月桂葉的香氣在經過加溫及泡煮後，特有的濃厚微苦香氣才會透散出來，所以一般月桂葉在眾多香料的搭配下，屬於輔佐帶味的配角，不常多放。而新鮮的月桂葉雖比乾燥品多些鮮爽的清香，但乾燥品的保存時限可長至一年半左右，再加上乾燥的月桂葉仍保有相當原質的風味，故平常家庭烹調用乾燥的月桂葉是比較方便的。
（p23、25、29、33）

小豆蔻
Cardamon

　　小豆蔻在烘製過程中因為色澤的處理而有不同顏色。綠豆蔻Green Cardamon為自然風乾，呈現翠綠原色、氣味帶著檸檬淡香，白豆蔻White Cardamon以二氧化硫漂白，色澤鮮白、帶有甜香，而印度、斯里蘭卡等原產地因多以自然光曬乾豆蔻，所以色澤上為淡黃色。在香氣品質上以綠色小豆蔻最能保有此香料原香中類似檸檬皮香氣的秀雅，而白黃兩種氣味相近，香氣上亦較偏向樟腦油濃郁。三色小豆蔻在不剝開殼膜並在密閉容器內，可保有最佳香氣期限約為8～12個月左右。
（p43、61）

大茴香籽
Anise Seed

　　外型是橢圓形帶著一段像小尾巴的羽莖，色澤見黃褐微帶灰青，表面亦如阿拉伯小茴香籽和小茴香子一樣，都有細紋狀的稜線，氣味近似乾草的甜香又微似八角的香嗆，因其氣味極易逸散，建議用粉狀調味時盡量於使用前再研磨，全顆粒的保存約為6～8個月左右。
（p31、93）

九層塔
Basil

　　這是一種我們很熟悉的鮮香料，在烹調運用上是絲毫不困難的。但新鮮的九層塔，放冰箱冷藏不久就黑了一半；所以在保存上建議：先將九層塔挑洗乾淨，攤放平盤中，放入冰箱冷凍一、兩個小時定型後，用塑膠袋裝好繼續冷凍保存，以待隨時取用入菜；也可以學西方人用鹽、橄欖油醬漬起來。這兩種保存方式，可保存半年之久而不影響馨香原味。乾燥品在密封罐中亦可保存一年之久，但九層塔特有的嗆香就略遜鮮品一籌了。
（p21、51、54）

西洋芹菜
Celery

　　目前從美容果汁到涼熱菜餡中，多被當成蔬菜使用而非香料。西式餐飲中則有西洋芹菜葉梗的碎末乾燥品，多運用於湯品與燉烤料理的變化，較偏重於香氣調味的功能。而香芹（Celery Seed）的使用上，則多運用在食品加工，如醃菜、加味醬汁、果醬之類。或以細粉撒沾，直接用於菜餚中，也有由西芹子精油與鹽製成的西芹鹽（Celery Salt）的調味料為主。整顆洋芹菜可用報紙或保鮮袋在冰箱中放置達3星期左右，若見芹梗葉有萎靡的現象，只要放在水杯中用清水養個半天就又能恢復原貌了。
（p29、39、55）

草豆蔻
Brown

　　因產地不同而有印度或尼泊爾種豆蔻、東南亞出產或中國豆蔻。這些豆蔻在採摘乾製後多為深褐色或黑色，氣味上有明顯的樟腦味。在全顆粒保存方法下，約可維持一年的鮮香度，而細粉則為6個月左右。
（p69）

辣椒
Chilli

　　鮮品入菜由細絲、碎丁到醬泥不等，而它的乾燥品亦有細粉末、粗末、整條等保存型態，在中式烹飪手法下，具有風情各異的入菜及氣味。比如說細粉末多用來撒沾煎炸之物，是以辣口為主要味感；粗末多與他物混合（如芝麻或果仁末），再以熱油潑淋出味取香麻；而整條辣椒則多在快炒爆香下提味，辣味就幾乎只是幫襯的效果了。就保存期來講，細粉末、粗末一般約4～6個月，全條乾燥品則可達至一年之久。
（p15、19、28、37、53、55、57、59、63、65、68、69、73、74、75、77、89）

阿拉伯小茴香籽
Cumin Seed

　　原產於尼羅河地區，目前則在世界各國料理中均吃得到。阿拉伯小茴香籽是印度各式咖哩粉調配中，很主要的香氣來源；但強烈厚重的香氣，在單獨的調味處理下，卻讓很多台灣人視為畏途；喜愛其氣味的人，則是食過數日即想之，真可謂香料中的榴槤！外型極相似於小茴香子，但兩者在香料特質上卻是南轅北轍。使用保存上和多數種仁型香料相同，使用前先在鍋中乾焙炒香，香氣較易發揮。
（p19、27、35）

中國肉桂
China Cinnamon

　　中藥房中，中國肉桂不論桂皮、桂枝多是已處理成薄碎片，保存時間約為半年左右。研成細末則多見於藥方或調混五香粉用。肉桂皮是以樟科肉桂樹皮乾燥製成後販售，在市面上購買到的多處理成碎片狀，以入滷包及中醫湯藥為主，保存時間在12個月左右。而做為調五香粉的主料，及撒沾炸物用的粉末狀肉桂皮，保存時間在6個月左右。桂枝是以樟科肉桂樹嫩枝所乾製，在中藥行可購買的多是切成小斜片，在中藥湯劑，或市面上很多配好的燒酒雞味包中可見，保存時間在12個月左右。
（p51、79）

錫蘭肉桂
Cinnamon

　　以樟科肉桂樹皮乾燥製成的錫蘭肉桂，在市面上多處理成小棒條狀及粉末狀。小棒條狀錫蘭肉桂，多用於花式咖啡、茶飲、燉菜中，在冰箱以密封罐可保存的時間長達2年之久。粉末狀錫蘭肉桂粉，除添加於飲料中，也廣泛運用於各式派餅作餡的調香料，保存時間約為12個月左右。
（p87、93）

韭菜
China

　　韭菜在中國的烹飪材料史中已有近兩千多年的歷史，一直是以蔬菜方式的涼拌、熱炒為主。另外在特殊的遮陽處理下則有韭黃的品種，其味道上較綠韭菜來的溫香、口感細滑。兩種韭菜在快炒肉絲或海鮮食材上均很適宜。北方人包餃子餡喜以綠韭配蔬菜或豬肉，而黃韭菜則多配海鮮或牛肉。這也是兩種韭菜在氣味口感上些許差異下的運用，剩餘韭菜的保存，以報紙包裹後放入冰箱中冷藏，綠韭菜約一星期，黃韭菜較短，約三四天。
（p77）

蝦夷蔥
Chive

　　若以乾燥細蔥花的型態與青蔥相比，是很難分辨的。但細看會發現蝦夷蔥的管徑細小，氣味較青蔥來的溫潤。新鮮的蝦夷蔥較乾燥品多了份淡雅的鮮香，除了切成碎丁添加在醬汁中提香增色外，用來捆紮肉卷燒烤亦是一絕。其乾燥品在開罐後，最好在2個月內使用完。
（p40、89）

香菜與香菜籽（胡荽子）
Coriander/Coriander Seed

在運用上最大的差別，在於香菜葉梗多為新鮮入菜，而香菜籽在烹飪上則多是用乾燥品。香菜若購買太多而短時間內使用不完，可將葉梗洗淨、瀝水、切碎末，放入微波爐脫乾水份；可保留60%原香及延長保存期。香菜籽在使用前先用炒鍋或烤箱略烘焙過，香氣會更好。香菜籽的殼膜很脆薄，在小碗內用湯匙即可壓成碎末狀，所以盡量以原顆粒保存，約可長達1年之久。若研成細粉至多只有6個月的香氣有效期。
（p13、15、19、20、27、35、37、41、43、73、85）

丁香
Clove

最大產地國雖為印尼，但在世界各地的菜餚中都可以見到它的蹤影。德國人喜歡將丁香加入多種辛香料中，烘製麵包或製作甜點酒飲；美國人甚至直接將丁香插入肉塊中進烤箱烘烤；在中國，也有搭配小茴香燉滷豬肘子或羊腿的菜式。因為丁香甜香濃郁的特質，使得適性如此廣泛。而丁香萃取的精油，常被使用於消炎止痛的保健上。磨成細末的丁香粉，亦是印度咖哩配方中的主要香料之一，保存的時限約為一年左右，原顆粒則可存放至兩年之久。
（p27、67、93）

法式芥末醬
French seeded mustard

這裡所使用的芥末醬是以鹽、醋汁、白葡萄酒、香料及整粒芥末籽調製而成的，味道辛香微酸辣、略帶硬脆的口感，用來塗抹三明治，或調製沙拉煎炸肉品的淋沾醬更增清爽。開罐後冰箱中冷藏保存約可長至18個月。
（p19、39）

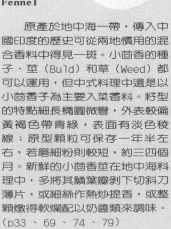

葛縷籽
Caraway Seed

遠在中古世紀前就被普遍的運用在麵包、甜品、燉煮蔬菜及釀酒添加的香料中。而它特有的辛香在與蔬果食材的結合下，反倒會散發淡雅細緻的果皮甜香感，其實用它來加入乳酪或魚鮮的醬汁中，甚或德式酸泡菜中搭配香腸或豬腳，都是開味除膩助消化的佳品。葛縷籽的原顆粒保存約為18個月左右，細粉則約6～8個月。
（p41）

花椒粒
Fagara

一般買得到的以乾燥型香料為主，在中國西北、四川一帶多以新鮮花椒粒醋漬、作醬，或剁碎和麵做饅頭、麵條。花椒的樹葉用來熱炒，滋味亦是奇特。在台灣要找新鮮花椒植物可能就得碰碰運氣，聽說清境農場有農戶栽種。乾燥花椒粒研細末多調入鹽及辣粉，用來沾煎炸的食物是非常香麻的。整粒未研入菜則多是以快爆取香不辣麻為調味；花椒顆粒在密封狀態下可儲放兩年之久。
（p59、68、73、74、75）

小茴香
Fennel

原產於地中海一帶，傳入中國印度的歷史可從兩地慣用的混合香料中得見一斑。小茴香的種子、莖（Buld）和草（Weed）都可以運用，但中式料理中還是以小茴香子為主要入菜香料。籽型的特點細長橢圓微彎，外表較偏黃褐色帶青綠，表面有淡色稜線；原型顆粒可保存一年半左右，若磨細粉則較短，約三四個月。新鮮的小茴香莖在地中海料理中，多將其鱗葉瓣剝下切斜刀薄片，或細絲作熱炒提香，或整顆燉得軟爛配以奶醬類來調味。
（p33、69、74、79）

大蒜
Garlic

　　在中外美食皆受歡迎，有以末泥碎丁狀或全個、薄片等方式處理。而在小雜貨店中還可買到炸過的油蒜末，其味道氣味雖不若新鮮的凸出，但若加入台式小吃的藥湯中，倒也有相當的襯香效果。而在西餐中則多了一種乾燥粉末的運用，除儲存方便外，氣味上也較新鮮的大蒜溫和醇香，很適合加入乳酪、酸奶之類的沾醬調味，或燒烤肉類的處理醃味。
（p13、15、17、19、23、25、27～29、31、33、35、37、40、41、43、45、46、53～55、59、61、69、72、73、75、77、80、81、89）

青蔥
Green Onion

　　切成碎蔥花（小環丁）狀撒在熱湯或滷味小品上，大概是我們最最熟悉的青蔥調味方式；但就衛生而言是較被質疑的。有些人建議先用熱水燙過，也有小偏方認為後段綠色蔥管內的黏液，要沖洗乾淨較不易與熱食起不良變化。若只為取其香氣則可以大火高溫爆香；泡麵中調味包裡的蔥花，大概是中國烹飪中唯一見到青蔥以乾燥型態出現的吧！
（p21、28、41、51、53～55、57、59、63、65、67、68、72～75、77、80、89）

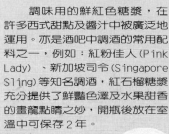

紅石榴糖漿
Grenadine

　　調味用的鮮紅色糖漿，在許多西式甜點及醬汁中被廣泛地運用。亦是酒吧中調酒的常用配料之一，例如：紅粉佳人（Pink Lady）、新加坡司令（Singapore Sling）等知名調酒，紅石榴糖漿充分提供了鮮豔色澤及水果甜香的畫龍點睛之妙，開瓶後放在室溫中可保存2年。
（p33）

牛膝草
Marjoram

　　牛膝草的氣味鮮香溫和，青些薄荷、九層塔混合後的特異感，在南歐、北非地區被廣泛的運用在動物內臟，及肉品醬汁的烹調菜餚上。若用清水浸泡，或用保鮮袋包放在冰箱中冷藏，可保存兩個星期之久，而乾燥品則可保存2年左右。
（p23）

鮮薑
Ginger

　　鮮薑剁成碎泥狀，多用在醃漬去腥或調理沾醬上，可充分出味。而餐廳在大量運用細薑絲作為爆香料時，會先用器皿盛水將薑絲泡浸起來備用，以防氧化變色。一如大量製作薑末泥須加入少許鹽酒一般，都是延長保存時限的處理。而以切片或拍裂塊的方式入餚，多用於須長時間燉湯滷物上，主要是讓薑的辛香在慢火中達到去腥提味的效果。
（p15、17、19、27、29、35、37、43、51、54、55、59、65、67～69、72、80、81、85、87）

蒜苗
Leek

　　蒜苗在中式烹調是相當常見的入味菜，多以鮮品直接佐菜調味；除以切小碎丁加入湯中提香外，亦有切斜薄片配冷盤、臘味增香，甚或熱炒菜餚、燉滷紅肉時去腥。而在歐洲則常被當作蔬菜食用，可見於生食醬汁下的沙拉菜式或熟食的烹煮炒拌。如果保存良好，可在冰箱中放置約兩個星期之久。雖然生吃蒜苗後不若洋蔥、大蒜般味道薰人，但還是建議嚼些茶葉或薄荷口香糖，讓口腔在享用美食之後依然芬香。
（p54、61、67）

肉豆蔻
Nutmeg

　　西元六世紀時，肉豆蔻不但是歐亞間主要貿易商品之一，在中國及阿拉伯地區更是治療消化系統的藥材。肉豆蔻有著堅硬的核仁質地，可保存較長的時限；而其強烈濃厚的香氣，只要少少量就味道十足，無怪是香料中少見的優品。一般來說研成細粉的肉豆蔻可保存18個月之久，而原顆粒若保存合宜，至少可儲放兩年以上。肉豆蔻的種仁網皮Mace，除了保存性及氣味上略遜並微帶苦味外，其他方面的特性與肉豆蔻都極接近。
（p61、92）

洋蔥
Onion

　　洋蔥在中西料理上的切丁切塊，做爆香或當肉類配菜均有畫龍點睛之妙。新鮮的洋蔥放在冰箱中，可保存至 3 ～ 4 個月，而市面上販售的小瓶乾燥洋蔥粉末，開罐保存期限可長達 6 個月之久，在氣味上雖和鮮品不能比擬，但切洗時至少不必流淚；建議在處理之前，先用塑膠袋包好放進冰箱冷藏個 40 分鐘以上，或者邊切邊泡水也是個不流淚的方法。
（p13、20、21、25、27、29、33、37、40、41、45～47、63、80、81）

巴西里
Parsley

　　是少數西餐香料中最為大家熟悉的，可能因為它的葉型皺縮呈捲葉狀，枝葉的質地韌實，所以多被用於裝飾盤邊。其實把巴西里的葉片拆洗乾淨後切碎加入各種醬汁、或湯品中，可有非常特殊的點香效果。由於質地的關係，巴西里不論做乾燥或新鮮的香料束都是居家生活的絕妙品。新鮮的巴西里在冰箱保鮮保存可長達 14 天以上，乾燥品則約一年左右。
（p17、46、47、89）

紫蘇
Perilla

　　若以乾燥品入菜，在氣味上比鮮品少了點鮮香，卻多了份陳存老味。建議乾燥品用在茶飲養生，或傳統療湯劑；入菜料理還是盡量用鮮品方有美觀芳香消毒的效果。鮮紫蘇葉雖不易購買，但買個盆栽紫蘇種種也是好方法。鮮紫蘇葉裝入塑膠袋中噴灑少許清水後封口，在冰箱中可保存 7 ～ 12 天之久。
（p72）

匈牙利紅辣椒粉
Paprika

　　匈牙利大紅辣椒主要的產地在匈牙利及西班牙，而目前市場銷售的主要產品型態是粉末狀的紅辣椒粉，它的名氣或許歸功於鮮紅色澤，及甘甜微辣的口感。對巴爾幹半島及西班牙的烹飪，是很重要的染色提香調味料，特別是匈牙利燴牛肉這一道菜，更是不可缺少。粉末開罐後保存期約 2 年左右。
（p19、28、29、35、37、45、89）

胡椒粒
Pepper

　　主產地在印度馬來西亞的胡椒，在中古世紀它的昂貴價值除了有錢幣的代用性外，甚至還是高檔嫁妝呢！而在歐洲列國競逐的海權時代裡，它也是刺激發現東方航線的重要誘因之一。依成熟及烘焙度的不同而有綠色（未成熟的果實加鹽醋冷凍脫水而成）、黑色（未成熟的果實發酵曬乾製成）、紅色（成熟的果實加鹽醋冷凍乾製而成）及白色（成熟的果實浸水去皮後烘曬而成）四種，乾燥的四色胡椒雖風味各異，保存期皆約 2 年。
（p19、21、23、25、28、31、33、39～41、46、47、53～55、61、63、72、77、80、85、92）

奧力岡
Oregano

　　和牛膝草同為香薄荷科屬（Labiatae Origanum）的草本植物，因氣味香郁，在地中海沿岸的料理中，常被添加在各種肉醬中除腥提味。新鮮的奧力岡有義式比薩香料的美譽，常被運用在以番茄為醬底的各種菜式中。墨西哥式的香辣粉中，也多混入了牛膝草或奧力岡乾燥細末增香。在冰箱中可冷藏約兩星期左右，或平泡在深盤後，把報紙噴濕蓋在盆口可保存 9～14 天之久。乾燥品則可保存 2 年。
（p25、28、35、46、89）

迷迭香
Rosemary

　　迷迭香算是台灣近年來歐式花草茶中最受歡迎的品種之一，對於紓緩緊張、放鬆神經有很大的效用；據說對治療頭皮屑及增強記憶力亦有相當的功用。在南歐料理上，尤其是肉品的燉煮上是絕對少不了它的。迷迭香為薄荷屬矮小灌木，針葉狀葉片的葉肉薄實韌硬；在保存上比一般鮮葉型香料來得容易，通常妥善的處理下可保存 7 天以上，而乾燥品則一年時間內都不會變質。
（p13、46、90）

山艾
Sage

　　長橢圓形的葉片、肥厚的葉肉表面覆長著細軟的絨毛，在阿拉伯有「駱駝之舌」的別名。而氣味強烈略帶樟香味的山艾在歐洲料理中，被普遍運用於各種肉類內臟食品的除腥提味。新鮮的山艾在冰箱中，用保鮮袋保存時間約3～5天，乾燥品約在一年左右。由於氣味濃厚，不論乾鮮，在入菜烹調時皆不宜多放。
（p23、25、33、46、90）

紅蔥頭
Shallot

　　印象中的紅蔥頭就是雜貨店裡一包包的油蔥酥，或者阿嬤用豬油炸一整罐帶著白脂色的蔥酥，可隨時挖來拌麵線食用；實際上這兩種都是新鮮紅蔥頭的再處理。買來的油蔥酥，最好放包乾燥劑綁緊封口，冷藏於冰箱；三、四個月內吃完較能嘗到原味香氣。自製油炸裝罐，則可在冰箱中保存半年以上。義大利人喜歡將新鮮的紅蔥頭，洗淨去皮後切粗末泡浸在橄欖油中，隨時用來爆炒菜餚用，也是種不錯的保存方法。
（p21、63）

薑黃根
Turmeric

　　有植物麝香美譽的薑黃根，除了鮮澄澄的金黃色可當天然染色劑外，氣味其實內含了橘皮、鮮薑、胡椒等豐富的綜合味道。而它經常是中南美洲，亞洲南部……等地區，很多混合香料的染色及帶頭的主味香料。通常薑黃根自產地出口多是乾燥粉末狀，開瓶保存時間約6～9個月左右。
（p27、93）

墨西哥紅辣醬
Tabasco

　　由美國百年老字號McIlhenny公司所生產銷售的辣椒醬，是以鹽、醋、墨西哥辣椒（Jalapeno）、辛香料所調製後，在橡木桶中發酵儲存的。因其口感辛香酸辣，故被廣泛運用於西式菜餚的開味提香搭配上，搭配墨西哥玉米脆餅 Nachos 及披薩更是風味絕佳，開瓶後保存期約2年。
（p28、35、37）

八角
Star Anise

　　多以乾燥型香料在市場上販售，一般為原型與其他香料包入滷包或調煮醬汁用，入菜烹調後撈去，因氣味濃厚適宜去腥提味。而單以八角細粉調理的菜餚在中式烹調中則較不多見，多為調配混合香料粉的基材。特別是八角本身的香濃微甜特質，在細粉的使用份量上要以少量為原則，否則易造成帶臭樟膩味。在南歐地區，除了各式湯餚蔬肉的烹調外，八角亦被大量運用於甜點酒飲的添香物。八角的原顆粒在密封狀態下可儲放兩年之久，而細粉則約8～12個月。
（p61、79、93）

麝香草
Thyme

　　又稱百里香，種類繁多，常用的品種有 French Thyme（葉片狹長，葉色深綠，氣香濃郁）、Lemon Thyme（葉型圓闊，氣味清雅）、Wild Thyme（蔓草型生長，葉呈小橢圓形，氣味濃苦），但不論那一種類的乾鮮品在過量使用下，皆易使味道趨於苦澀。乾燥品雖少點鮮嗆味，但用來入菜泡茶，還是能保有麝香草原質的特色香氣。乾燥的麝香草粗末保存的時間約可長達18個月，而鮮品用保鮮袋在冰箱中可儲放約4～6天的鮮香。
（p17、25、33、91）

梅林辣醬
Worcestershire Sauce

　　配方源自於印度的梅林辣醬，氣味鹹香微酸；是由多種香料、醋汁、水果、辣椒、醬油等混調發酵製成的。除用在醬汁沾淋食物及各式肉類燒烤中的醃刷醬外，更是調酒中知名的血腥瑪莉配方裡不可缺少的要角。開瓶後保存期約2年。
（p23、29）

香料的建議搭配

中文名	英文名	別名	最佳搭配主料	常用烹調法				
				薰炒	燉滷	炸烤	醃漬	醬汁
薑	Ginger	黃薑	蔬菜、海鮮				●	●
青蔥	Green Onion、Spring Onion Scallion	芄、菜伯、和事草	肉類	●			●	
蝦夷蔥	Chive	細香蔥	海鮮、蔬菜	●				●
大蒜	Garlic	葫、葷菜、胡蒜	紅肉		●		●	
辣椒	Chilli	蕃椒、海椒、辣茄	肉類					
洋蔥	Onion	玉蔥、團蔥	紅肉		●			
香菜	Coriander	胡荽、芫荽	海鮮、蔬菜	●				●
香菜籽	Coriander Seed	胡荽籽、芫荽籽	海鮮、甜品				●	●
麝香草	Thyme	百里香、山胡椒	海鮮、甜品		●	●		
西洋芹菜	Celery	西芹、洋芹	海鮮、蔬菜	●			●	
香芹子	Celery Seed	洋芹籽、西芹子	海鮮、甜				●	●
牛膝草	Marjoram (Sweet Marjoram)	馬嘉莉香荷	牛羊肉	●				●
奧力岡草	Oregano	馬郁蘭草、野牛膝草	牛羊肉		●			●
紅蔥頭	Shallot	紅玉蔥、小紅蔥	肉類	●		●		
九層塔	Basil	羅勒、紫蘇薄荷	魚貝蟹	●				
中國肉桂	China Cassia	玉桂、丹桂、紫桂、辣桂(桂枝又名柳桂)	紅肉		●	●		
肉桂	Cinnamon	番桂、天竺	甜品				●	
八角	Star Anise	大料、八角茴香	紅肉		●		●	
花椒粒	Fagara	川椒 Sichuan Pepper、日本山椒 Sansho	肉類	●		●		
胡椒粒(紅白綠黑)	Pepper	玉椒、浮椒、昧履支	肉類		●			
蒜苗	Leek	青蒜	香腸、各式肉類醃製品	●	●			
韭菜	China Chive	起陽草、懶人草、草鐘乳	蔬菜、紅肉	●				●
紫蘇	Perilla	蘇葉、赤蘇	海鮮、甜品				●	●

中文名	英文名	別名	最佳搭配主料	常用烹調法				
				煎炒	燉滷	炸烤	醃漬	醬汁
丁香	Clove	丁香子、支解香喬	肉類		●		●	
小茴香	Fennel Seed	谷香、小香、小茴	紅肉、醃菜		●		●	
小茴香莖	Fennel Buld	茴香根、茴香球	海鮮	●		●		
大茴香籽	Anise		甜品				●	●
肉豆蔻	Nutmeg	肉蔻、肉果	紅肉、甜品		●		●	
草豆蔻	Brown Cardamon	草蔻、飛雷子、彎子	肉類		●	●		
白豆蔻	White Cardamon	白蔻、殼蔻	肉類、甜品		●		●	
綠豆蔻	Green Cardamon	綠小豆蔻、小豆蔻	蔬菜、甜品		●			●
蒔蘿	Dill	小茴香草、臭前胡、大茴	海鮮、蔬菜醃漬	●			●	
迷迭香	Rosemary	蘿絲瑪麗草	肉類、甜品	●				●
薰衣草	Lavender		蔬菜	●				●
巴西里	Parsley	元帥草、洋香菜、洋芹菜	海鮮、肉類	●				●
月桂葉	Bay Leave	香葉、桂樹葉	肉類、甜品		●			●
薑黃根粉	Turmeric	鬱金香根粉	咖哩粉的調色		●		●	●
阿拉伯小茴香	Cumin	孜然、安息茴香	羊肉	●				●
葛縷籽	Caraway Seed	藏茴香、凱莉茴香	蔬菜				●	●
山艾	Sage	鼠尾草、秋丹參	禽類	●	●			
匈牙利紅辣椒粉	Paprika	紅甜椒辣粉	肉類			●		●
印度咖哩粉	Indian Curry Powder		海鮮、肉類		●	●		
中國五香粉	Five Spice Powder		豬肉、滷物		●	●		
泰國紅咖哩醬	Thai Red Curry Paste		海鮮、雞肉				●	●
法式芥末醬	French Seeded Mustard		海鮮、肉類				●	●
黃色芥末醬	American Mustard		雞肉、海鮮	●				●
梅林辣醬	Worcestershire Sauce		紅肉				●	●
紅石榴糖漿	Grenadine		甜品		●			●
起司絲	Pizza Cheese (Mozzarella)		海鮮、肉類			●		●

朱雀文化

和你快樂進入烹飪新世界

Cook50006

烤箱料理百分百

梁淑嫈著　　定價280元

● 選購烤箱的6大原則。

● 正確使用烤箱的6大重點、用烤箱烹飪菜餚的6大訣竅。

● 菜餚內容包括：海鮮、雞鴨、牛肉豬肉、蔬菜、點心和主食。

● 梁老師烤箱料理保證班，清楚的步驟圖，就算第一次下廚也會做！詳細的基礎操作，讓初學者一看就明瞭。

Cook50005

烤箱點心百分百

梁淑嫈著　　定價320元

● 作者自20年前出版第一本國人自製烤箱食譜，至今已銷售近10萬冊。本書沿承朱雀文化西點食譜一貫的編輯方針，以紮實詳細的小步驟圖帶領讀者進入西點烘焙世界，教導讀者看書就會成功做點心。

● 教你做一個師傅級的戚風蛋糕、為心愛的人裝點一個美麗的蛋糕、發麵及丹麥麵包的製作方法、千層派皮、塔皮的製作方法，內容包括：蛋糕、麵包、派、塔、鬆餅、酥餅和餅干、小點心。

● 梁老師西點保證班，清楚的步驟圖，就算第一次下廚也會做！詳細的基礎操作，讓初學者一看就明瞭。

Cook50004

酒香入廚房

－－用國產酒做菜的50種方法

圓山飯店中餐開發經理

劉令儀著　　定價280元

● 繼《酒神的廚房：用紅白酒做菜的50種方法》之後，作者再接再勵教讀者以國產公賣局酒添加入食材中，提高食物的色香味。酒類包括高粱、紹興、米酒、水果酒及啤酒等。

● 本書為目前市面上第一本以國產酒入菜的創意食譜。包括魚蝦海鮮、雞鴨家禽、豬牛畜肉以及什蔬、主食及甜點。

Cook50003

酒神的廚房

－－用紅白酒做菜的50種方法

圓山飯店中餐開發經理

劉令儀著　　定價280元

● 本書為目前市面上第一本以紅白葡萄酒入菜的創意食譜。包括涼拌沙拉、羹湯類、熱食主菜及甜點冰品。

● 步驟簡單，作法容易，適合追求時尚、效率，求新求變的年輕上班族。

● 作者現任台北圓山飯店中餐開發部經理，曾任美國洛杉磯希爾頓飯店中餐開發經理。擅長創新做菜，是食界界的明日之星。現為NEWS98「美食報報報」節目主持人。

● 吳淡如、林萃芬、鄭華娟、陳樂融、蘇來、景翔專文推薦。

Cook50002

西點麵包烘焙教室

－－乙丙級烘焙食品技術士考照專書

陳鴻霆、吳美珠著

定價 420 元

● 由乙丙級技術士教導如何準備乙丙級烘焙食品技術士檢定測驗。

● 乙、丙級麵包及西點蛋糕項目。

● 最新版烘焙食品學題庫。

● 提供歷屆考題，每道考題均有中英文對照的品名、烘焙計算、產品製作條件、產品配方及百分比、清楚的步驟流程，以及評分要點說明、應考心得、烘焙小技巧等資訊。

Cook50001

做西點最簡單

西華飯店點心房副主廚

賴淑萍著　　定價280元

● 蛋糕、餅干、塔、果凍、布丁、泡芙、15分鐘簡易小點心等七大類，共50道食譜。

● 清楚的步驟圖，就算第一次下廚也會做！

● 詳細的基礎操作，讓初學者一看就明瞭。

● 事前準備和工具整理，做西點絕不手忙腳亂。

● 作者的經驗和建議，大大減少失敗機率。

● 常用術語介紹，輕鬆進入西點世界。

COOK50

朱雀文化

LifeStyle 004

記憶中的味道

楊明著　定價 200 元

●味道一旦和記憶聯結,飲食便成了一種情境;可惜,在這座城市,味道和記憶都在迅速的消失中……

●作者楊明為國內極具知名度的中生代散文家,作品風格成熟而圓融雋永,深入人心,特別能打動都會女子的心。

●《記憶中的味道》以心情小故事的方式描繪這座城市中的 41 家餐廳,以及現代人的感情思維,包括陪著城市人成長的 IR、主婦之店、現代啟示錄,流行異國風味十足的卡邦、LULU、木偶,輕鬆解放身心靈的 Brown Suger、米奇、梨樹,充滿濃濃家鄉色彩的東門餃子館、一條龍、同慶樓等等。

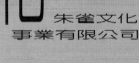

輕鬆做 002

健康優格 DIY

楊三連、陳小燕著

定價 150 元

●帶領讀者在家自己製作衛生、高品質的優格。

●沾醬、濃湯、菜餚、點心,以及最受歡迎的點心飲料,都可以加上優格,增添味覺新體驗。

●優格護膚小秘方,優格輕盈苗條法。

●關於優格的小常識及疑問解答。

輕鬆做 001

涼涼的點心

喬媽媽著　特價 99 元

●剉冰、蜜豆冰、雪泥等沁涼冰品。

●五彩繽紛果凍及軟軟布丁。

●洋菜凍、吉利丁、吉利 T 的比較。

朱雀文化事業有限公司

台北市建國南路二段
181 號 8 樓
電話:(02)2708-4888
傳真:(02)2707-4633

如果你對朱雀的書有興趣,

1.請到全國各大書店選購,如果找不到,請洽書店服務員,可能賣完了喔!

2.請到郵局劃撥朱雀文化事業有限公司
19234566

3.請親洽朱雀文化
(02) 2708-4888
歡迎來出版社喝杯茶呀!

輕鬆做

國家圖書館出版品預行編目資料

愛戀香料菜：教你認識香料、用香料做菜／李櫻瑛著． ─初版．─

台北市：朱雀文化，2000〔民89〕
面； 公分．─（COOk 50；7）

ISBN 957-0309-08-3（平裝）

1.食譜 2.香料

427.1 89003097

cook50007

愛戀香料菜
～～教你認識香料、用香料做菜～～

作者	李櫻瑛
攝影	袁海菱
美術編輯	王佳莉
企劃統籌	李橘
發行人	莫少閒
出版者	朱雀文化事業有限公司
地址	北市建國南路二段 181 號 8 樓
電話	02-2708-4888
傳真	02-2707-4633
劃撥帳號	19234566 朱雀文化事業有限公司
e-mail	redbook@ms26.hinet.net
網址	redbook.cute.com.tw
總經銷	展智文化事業股份有限公司
ISBN	957-0309-08-3
初版一刷	2000.03
定價	280 元
出版登記	北市業字第 1403 號

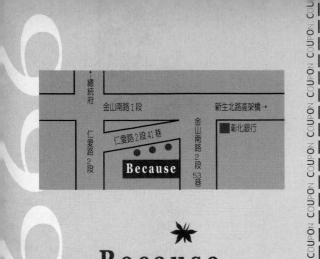

Because

芘蔻蘇歐洲香料廚房

在有陽光的下午
喝著氤氳著肉桂 Cinnamon 香味的卡布奇諾
在埃及的機場
神遊大茴香 Aniste 在絲路中的冒險流浪
強烈的迷迭香 Rosemary
回到去年夏天在地中海的奇遇
具有鎮靜效果的時蘿 Dill
決定日出時讓悲傷終結

Because

芘蔻蘇歐洲香料廚房

地址 / 台北市金山南路一段 53 巷 4 號
電話 /02-2351-9109
營業時間 /AM11:30 ～凌晨 02:00 （每週日公休）

憑券消費 **9** 折優惠

加點義大利特調情人酒（1 對杯）
再送 A Clove Orange 祈願香料球乙棵

勺勺客

以窯洞和土坑營造出陝北風情
菜色包括粗獷的陝北土菜
多樣性的陝南野味
文人氣質的西安美饌
以及仿古名膳

勺勺客

地址 / 台北市仁愛路二段 41 巷 15 號
電話 /02-2351-7148
營業時間 /PM05:30 ～ 11:00 （每週一公休）

憑券消費 **9** 折優惠